Selenium 3 自动化测试实战

基于Python语言

虫师 编著

电子工业出版社
Publishing House of Electronics Industry
北京·BEIJING

内 容 简 介

本书共分 14 章，第 1 章介绍了自动化测试相关的基础知识。第 2 章到第 10 章是本书的重点，从环境搭建，到 WebDriver API 介绍，再到单元测试框架的使用，循序渐进地介绍了自动化测试所用到的知识，最后再通过项目将这些知识串联起来。第 11 章详细介绍了如何使用 Jenkins 配置自动化测试项目。第 12 章到第 14 章介绍了移动自动化测试工具 appium 的使用。

本书的写作目的并不是简单地告诉读者如何使用一个自动化测试工具，而是希望读者在学习本书的内容后能够提升技术高度、拓展技术宽度，从而摆脱简单的手工测试，向高级测试工程师迈进。

未经许可，不得以任何方式复制或抄袭本书之部分或全部内容。
版权所有，侵权必究。

图书在版编目（CIP）数据

Selenium3 自动化测试实战：基于 Python 语言 / 虫师编著. —北京：电子工业出版社，2019.7
ISBN 978-7-121-36924-7

Ⅰ. ①S… Ⅱ. ①虫… Ⅲ. ①软件工具－自动检测 Ⅳ. ①TP311.5

中国版本图书馆 CIP 数据核字（2019）第 122745 号

责任编辑：安　娜
印　　刷：北京天宇星印刷厂
装　　订：北京天宇星印刷厂
出版发行：电子工业出版社
　　　　　北京市海淀区万寿路 173 信箱　邮编：100036
开　　本：787×980　1/16　印张：17　字数：352.3 千字
版　　次：2019 年 7 月第 1 版
印　　次：2023 年 1 月第 14 次印刷
定　　价：69.00 元

凡所购买电子工业出版社图书有缺损问题，请向购买书店调换。若书店售缺，请与本社发行部联系，联系及邮购电话：(010) 88254888，88258888。
质量投诉请发邮件至 zlts@phei.com.cn，盗版侵权举报请发邮件至 dbqq@phei.com.cn。
本书咨询联系方式：010-51260888-819，faq@phei.com.cn。

前　言

《Selenium2 自动化测试实战——基于 Python 语言》出版后，我陆续收到许多反馈，有很多同学（我习惯这么称呼软件测试的同行）通过这本书学会了 Selenium 自动化测试，这是我写这本书的初衷，能在你学习测试技术的道路上提供一点点帮助，我感到非常高兴！也有同学向我反馈了书中的一些错误，在此深表感谢。

随着我在自动化测试技术上的积累，我越发觉得《Selenium2 自动化测试实战——基于 Python 语言》一书有许多不足之处，有些内容已经过时，有些技术需要更进一步的探讨。2017 年的时候我萌生要写第二版的想法，当时只是想对少部分内容进行修改，直接到 2018 年下半年才开始动笔重新整理内容。我写书的方式是一遍遍地修改书中的内容，所以，虽然不是从头到尾写一本新书，但也花费了半年之久。

前面的章节安排与《Selenium2 自动化测试实战——基于 Python 语言》一书相比，变化不大，但里面的内容都有改动，主要是替换或修改了里面的例子。随着我对自动化测试的理解，更正了前一本书中的部分观点。

（1）加入了 pytest 单元测试框架的使用方法，与 unittest 相比，pytest 的功能更加强大，而且还有丰富的扩展库，更适合用来做自动化测试。

（2）补充了 Jenkins 的使用方法。

（3）增加了 3 章 appium 移动自动化测试工具的介绍。随着移动互联网的发展，移动自动化测试几乎成为测试人员必备技能之一，appium 正是在 Selenium 的基础上扩展而来的自动化工具。

当然，在上一本的基础上，本书也删减了部分内容。

（1）删掉了 Selenium IDE 相关的内容，越来越多的测试人员使用 WebDriver 编写自动化脚本，Selenium IDE 作为浏览器的自动化插件，已经很少有同学单独使用它完成大型自动化项目了。

（2）删掉了 Python 多线程相关的内容。多线程的优点是可以提高自动化测试的执行速度，缺点是降低了自动化的稳定性。本书介绍了减少测试用例执行时间的其他方法。

（3）删掉了 BDD 行为驱动开发相关的内容，本书更聚焦于自动化测试技术，所以，其他技术请参考专业的书进行学习。

本书在命名时也颇为纠结，本书的内容属于《Selenium2 自动化测试实战——基于 Python 语言》升级版，如果命名为《Selenium2 自动化测试实战——基于 Python 语言（第二版）》可以看出这种继承关系，但是书中内容是基于 Selenium3 编写的，所以最终命名为《Selenium3 自动化测试实战——基于 Python 语言》。

在本书出版之际，Selenium4 已在开发当中，从 Selenium 官方给出的消息来看，Selenium4 对于本书的内容影响很小。

最后，由于作者水平有限，书中难免有错误之处，希望你能将错误反馈给我，我将感激不尽。感谢编辑安娜，没有她的帮助本书无法出版。感谢读者的厚爱，正是你们的鼓励和支持，才使我有动力完成本书。

虫师
2019 年 6 月

读者服务

微信扫码回复：36924

- 获取本书配套代码
- 获取各种共享文档、线上直播、技术分享等免费资源
- 加入读者交流群，与更多读者互动
- 获取博文视点学院在线课程、电子书 20 元代金券

目　　录

第 1 章　自动化测试基础 1

    1.1　分层的自动化测试 1

    1.2　适合自动化测试的项目 3

    1.3　如何学习 UI 自动化测试 4

    1.4　Selenium 简介 4

    1.5　appium 简介 8

第 2 章　测试环境搭建 10

    2.1　安装 Python 10

    2.2　安装 Selenium 12

    2.3　第一个 Selenium 自动化测试脚本 12

    2.4　浏览器驱动 13

第 3 章　Python 基础 16

    3.1　Python 哲学 16

    3.2　输出 18

        3.2.1　打印 18

        3.2.2　引号与注释 19

    3.3　分支与循环 20

        3.3.1　if 语句 20

        3.3.2　for 语句 21

    3.4　列表、元组与字典 22

        3.4.1　列表 22

        3.4.2　元组 23

	3.4.3 字典	24
3.5	函数、类和方法	25
	3.5.1 函数	25
	3.5.2 类和方法	26
3.6	模组	27
	3.6.1 调用模块	27
	3.6.2 自定义模块	30
	3.6.3 跨目录调用文件	31
	3.6.4 编写自测代码	33
3.7	异常	34
	3.7.1 认识异常	34
	3.7.2 更多异常用法	37
	3.7.3 抛出异常	37
3.8	新手常犯的错误	38

第 4 章 WebDriver API ... 40

4.1	从定位元素开始	40
	4.1.1 id 定位	44
	4.1.2 name 定位	44
	4.1.3 class 定位	44
	4.1.4 tag 定位	44
	4.1.5 link 定位	45
	4.1.6 partial link 定位	45
	4.1.7 XPath 定位	46
	4.1.8 CSS 定位	48
	4.1.9 用 By 定位元素	51
4.2	控制浏览器	52
	4.2.1 控制浏览器窗口大小	52
	4.2.2 控制浏览器后退、前进	52
	4.2.3 模拟浏览器刷新	53
4.3	WebDriver 中的常用方法	53
4.4	鼠标操作	55
4.5	键盘操作	57

4.6	获得验证信息	58
4.7	设置元素等待	59
	4.7.1 显式等待	60
	4.7.2 隐式等待	62
4.8	定位一组元素	63
4.9	多表单切换	64
4.10	多窗口切换	65
4.11	警告框处理	67
4.12	下拉框处理	69
4.13	上传文件	70
4.14	下载文件	72
4.15	操作 Cookie	74
4.16	调用 JavaScript	75
4.17	处理 HTML5 视频播放	77
4.18	滑动解锁	79
4.19	窗口截图	82
4.20	关闭窗口	83

第 5 章 自动化测试模型 84

5.1	基本概念	84
5.2	自动化测试模型	85
5.3	模块化与参数化	86
5.4	读取数据文件	89
	5.4.1 读取 txt 文件	89
	5.4.2 读取 CSV 文件	91
	5.4.3 读取 XML 文件	92
	5.4.4 读取 JSON 文件	94

第 6 章 unittest 单元测试框架 96

6.1	认识 unittest	97
	6.1.1 认识单元测试	97
	6.1.2 重要的概念	100
	6.1.3 断言方法	103

6.1.4　测试用例的组织与 discover 方法 104
6.2　关于 unittest 还需要知道的 108
　　6.2.1　测试用例的执行顺序 108
　　6.2.2　执行多级目录的测试用例 110
　　6.2.3　跳过测试和预期失败 111
　　6.2.4　Fixtures 113
6.3　编写 Web 自动化测试 114

第 7 章　unittest 扩展 118

7.1　HTML 测试报告 118
　　7.1.1　下载与安装 118
　　7.1.2　生成 HTML 测试报告 119
　　7.1.3　更易读的测试报告 121
　　7.1.4　测试报告文件名 123
7.2　数据驱动应用 124
　　7.2.1　数据驱动 125
　　7.2.2　Parameterized 128
　　7.2.3　DDT 130
7.3　自动发送邮件功能 134
　　7.3.1　Python 自带的发送邮件功能 134
　　7.3.2　用 yagmail 发送邮件 136
　　7.3.3　整合自动发送邮件功能 137

第 8 章　Page Object 140

8.1　认识 Page Object 140
8.2　实现 Paget Object 141
　　8.2.1　Paget Object 简单实例 142
　　8.2.2　改进 Paget Object 封装 143
8.3　poium 测试库 146
　　8.3.1　基本使用 147
　　8.3.2　更多用法 148

第 9 章 pytest 单元测试框架 150
9.1 pytest 简单例子 150
9.2 pytest 的基本使用方法 152
9.2.1 断言 152
9.2.2 Fixture 153
9.2.3 参数化 157
9.2.4 运行测试 158
9.2.5 生成测试报告 160
9.2.6 conftest.py 162
9.3 pytest 扩展 163
9.3.1 pytest-html 163
9.3.2 pytest-rerunfailures 164
9.3.3 pytest-parallel 扩展 165
9.4 构建 Web 自动化测试项目 166
9.4.1 项目结构介绍 166
9.4.2 主要代码实现 168
9.4.3 测试用例的运行与测试报告 173

第 10 章 Selenium Grid 176
10.1 Selenium Grid 介绍 176
10.1.1 Selenium Server 环境配置 176
10.1.2 Selenium Grid 工作原理 178
10.2 Selenium Grid 应用 180
10.2.1 Remote 实例 181
10.2.2 Grid 执行过程 183
10.2.3 创建远程节点 185

第 11 章 Jenkins 持续集成 187
11.1 下载 Tomcat 188
11.2 下载 Jenkins 189
11.3 安装配置 Jenkins 190
11.4 Jenkins 的基本使用 192
11.4.1 创建一个构建任务 192

11.4.2 运行 Python 测试 195
11.4.3 安装插件 196
11.5 Selenium 自动化项目配置 197
11.5.1 配置 Git/GitHub 197
11.5.2 配置项目运行 200
11.5.3 配置 HTML 报告 201
11.5.4 配置构建统计 204
11.5.5 配置自动发送邮件 205

第 12 章 appium 的介绍与安装 210

12.1 appium 介绍 210
12.1.1 移动应用类型 210
12.1.2 appium 的架构 211
12.1.3 appium 的工作过程 214
12.2 appium 环境搭建 215
12.2.1 Android Studio 216
12.2.2 Android 模拟器 219
12.2.3 appium Desktop 222
12.2.4 Python Client 223
12.2.5 第一个 appium 测试 223

第 13 章 appium 基础 226

13.1 Desired Capabilities 226
13.2 控件定位 228
13.2.1 id 定位 229
13.2.2 Class Name 定位 230
13.2.3 XPath 定位 231
13.2.4 Accessibility id 定位 232
13.2.5 Android uiautomator 定位 233
13.2.6 其他定位 234
13.3 appium 的常用 API 235
13.3.1 应用操作 235
13.3.2 上下文操作 236

13.3.3　键盘操作 238
　　　13.3.4　触摸操作 238
　　　13.3.5　特有操作 241
　13.4　appium Desktop 243
　　　13.4.1　准备工作 243
　　　13.4.2　控件定位 245
　　　13.4.3　脚本录制 246

第 14 章　appium 测试实例 249

　14.1　appium 应用测试 249
　　　14.1.1　原生应用测试 249
　　　14.1.2　移动 Web 应用测试 250
　　　14.1.3　混合应用测试 252
　14.2　App 测试实战 254
　　　14.2.1　安装 App 254
　　　14.2.2　简单的测试用例 255
　　　14.2.3　自动化项目设计 256

第 1 章
自动化测试基础

1.1 分层的自动化测试

测试金字塔的概念由敏捷大师 Mike Cohn 在他的 *Succeeding with Agile* 一书中首次提出。他的基本观点是：我们应该有更多低级别的单元测试，而不仅仅是通过用户界面运行端到端的高层测试。

测试金字塔如图 1-1 所示。

图 1-1　测试金字塔

Martin Fowler 大师在测试金字塔的基础上提出分层自动化测试的概念。在自动化测试之前加了一个"分层"的修饰，用于区别"传统的"自动化测试。那么，什么是传统的自动化测试呢？

所谓传统的自动化测试我们可以理解为基于产品 UI 层的自动化测试，它是将黑盒功能测试转化为由程序或工具执行的一种自动化测试。

分层自动化测试倡导的是从黑盒（UI）单层到黑盒和白盒多层的自动化测试，即从全面黑盒自动化测试到对系统的不同层次进行的自动化测试。分层自动化测试如图 1-2 所示。

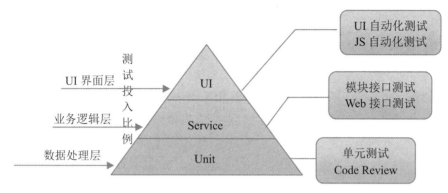

图 1-2　分层自动化测试

1．单元自动化测试

单元自动化测试是指对软件中的最小可测试单元进行检查和验证。

将单元测试交给测试人员去做，有利有弊，整体来说，由开发人员去做更为合适。

测试人员做单元测试的优势是具备测试思维，在设计测试用例时考虑更加全面；但劣势也很明显，目前，大多数测试人员很难做到像开发人员一样熟悉被测代码。

让开发人员去写单元测试，优势非常明显，没有谁比开发人员更熟悉自己写的代码了。他们只需掌握单元测试框架的使用和一些常用的测试方法，即可写单元测试，而且定位 bug 时更加方便。

所以，测试人员可以教开发人员如何使用单元测试框架和测试方法，而不是代替开发人员去写单元测试。

2．接口自动化测试

Web 应用的接口自动化测试大体分为两类：模块接口测试和协议接口测试。

（1）模块接口测试，主要测试程序模块之间的调用与返回。它主要强调对一个可实现完整功能的类、方法或函数的调用的测试。

（2）协议接口测试，主要测试对网络传输协议的调用，如 HTTP/SOAP 等，一般应用在前端和后端开发之间，以及不同项目之间。

模块接口测试更适合开发人员去做；协议接口测试既可以由开发人员去做，也可以由测试人员去做。

3．UI 自动化测试

UI 自动化测试以实现手工测试用例为主，可降低系统功能回归测试的成本（人力成本和时间成本）。UI 自动化测试由部分功能测试用例提炼而来，更适合测试人员去做。

在《Google 测试之道》一书中，Google 把产品测试类型划分为：小测试、中测试和大测试，采用 70%（小）、20%（中）和 10%（大）的比例，分别对应测试金字塔中的 Unit 层、Service 层和 UI 层。

1.2　适合自动化测试的项目

参考以下几点：

（1）任务测试明确，不会频繁变动。

（2）每日构建后的测试验证。

（3）比较频繁的回归测试。

（4）软件系统界面稳定，变动少。

（5）需要在多平台上运行的相同测试案例、组合遍历型的测试，以及大量的重复任务。

（6）软件维护周期长。

（7）项目进度压力不太大。

（8）被测软件系统开发较为规范，能够保证系统的可测试性。

（9）具备大量的自动化测试平台。

（10）测试人员具备较强的编程能力。

当然，并非以上 10 条都具备的情况下才能开展自动化测试工作。根据我们的经验，一般来说，满足以下 3 个条件就可以对项目开展自动化测试。

（1）软件需求变动不频繁。

（2）项目周期较长。

（3）自动化测试脚本可重复使用。

1.3 如何学习 UI 自动化测试

要想学好基于 Selenium/appium 的 UI 自动化测试，应从以下 3 个方面入手。

1. 编程语言

Selenium/appium 支持多种编程语言（Java、Python、Ruby、C#、JavaScript 等），更准确地说，Selenium/appium 针对每种编程语言都开发了相应的 Selenium/appium 测试库。

编程语言是基础，UI 自动化能否做好，除元素是否好定位外，更与自动化项目的设计有关如何设计方便扩展和维护的自动化测试项目对 UI 自动化测试来说非常重要，而自动化项目的设计离不开扎实的编程基础。

2. Selenium/appium API

Selenium（WebDriver）和 appium API 提供了操作 Web/App 的类和方法。我们只需使用这些方法即可操作 Web 页面上的元素或 App 上面的控件。

3. 单元测试框架

如何定义一条测试用例、如何组织和运行测试用例，以及如何统计测试用例的运行结果（总测试用例数、成功测试用例数、失败测试用例数等），都是由单元测试框架实现的。单元测试框架是编写自动化测试用例的基础。

1.4 Selenium 简介

Selenium 经历了三个大版本，Selenium 1.0、Selenium 2.0 和 Selenium 3.0。Selenium 不是由单独一个工具构成的，而是由一些插件和类库组成的，这些插件和类库有其各自的特点和应用场景。Selenium 1.0 家族关系如图 1-3 所示。

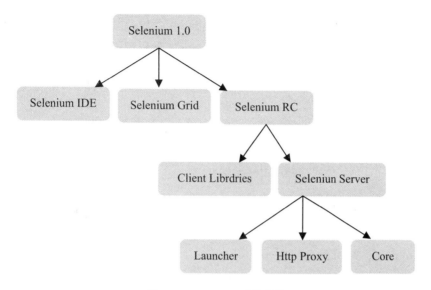

图 1-3　Selenium 1.0 家族关系

1. Selenium 1.0

（1）Selenium IDE。

Selenium IDE 是嵌入在 Firefox 浏览器中的一个插件，可实现简单的浏览器操作的录制与回放功能。

（2）Selenium Grid。

Selenium Grid 是一个自动化测试辅助工具。利用 Grid 可以很方便地实现在多台机器上或异构环境中运行测试用例。

（3）Selenium RC。

Selenium RC（Remote Control）是 Selenium 家族的核心部分，支持多种不同语言编写的自动化测试脚本。把 Selenium RC 的服务器作为代理服务器去访问应用，即可达到测试的目的。

Selenium RC 分为 Client Libraries 和 Selenium Server 两部分。Client Libraries 主要用于编写测试脚本，负责控制 Selenium Server 的库。Selenium Server 负责控制浏览器行为。

Selenium Server 主要分为三部分：Selenium Core、Launcher 和 Http Proxy。Selenium Core

就是一堆 JavaScript 函数的集合。通过这些 JavaScript 函数，我们可以用程序对浏览器进行操作。Launcher 用于启动浏览器，把 Selenium Core 加载到浏览器页面当中，同时，把浏览器的代理设置为 Http Proxy。

2．Selenium 2.0

Selenium 2.0 把 WebDriver 加到了 Selenium1.0 这个家族中，简单用公式表示如下：

$$Selenium\ 2.0 = Selenium\ 1.0 + WebDriver$$

需要注意的是，在 Selenium 2.0 中主推的是 WebDriver，可以将其看作 Selenium RC 的替代品。为了保持向下的兼容性，Selenium 2.0 并没有彻底抛弃 Selenium RC。

Selenium RC 与 WebDriver 的工作方式有着本质的区别。

Selenium RC 是在浏览器中运行 JavaScript 应用，使用浏览器内置的 JavaScript 翻译器来翻译和执行 selenese 的（selenese 是 Selenium 命令集合）。

WebDriver 通过原生浏览器支持或者浏览器扩展来直接控制浏览器。WebDriver 是针对各个浏览器而开发的，取代了嵌入被测 Web 应用中的 JavaScript。WebDriver 与浏览器紧密集成，支持创建更高级的测试，避免了 JavaScript 安全模型导致的限制。除来自浏览器厂商的支持外，WebDriver 还可利用操作系统级的调用，模拟用户输入。

Selenium 与 WebDriver 原本属于两个不同的项目，WebDriver 的创建者 Simon Stewart 早在 2009 年 8 月的一封邮件中解释了项目合并的原因。

> **Selenium 与 WebDriver 合并的原因**：为何把两个项目合并？一部分原因是 WebDriver 解决了 Selenium 的缺点（例如，能够绕过 JavaScript 沙箱），另一部分原因是 Selenium 解决了 WebDriver 存在的问题（例如，支持广泛的浏览器），还有一部分原因是 Selenium 的主要贡献者和我都觉得合并项目是为用户提供最优秀框架的最佳途径。

3．Selenium 3.0

2016 年 7 月，Selenium 3.0 悄悄发布了第一个 beta 版。Selenium 3.0 做了以下更新。

（1）去掉了 Selenium RC，简单用公式表示如下：

$$\text{Selenium 3.0 = Selenium 2.0 −Selenium RC}$$

（2）Selenium 3.0 只支持 Java 8 以上版本。

（3）Selenium 3.0 中的 Firefox 浏览器驱动独立了。Selenium 2.0 测试库默认是集成 Firefox 浏览器驱动的，在 Selenium 3.0 中，Firefox 浏览器和 Chrome 浏览器一样，在使用前需要下载和设置浏览器驱动。

（4）mac OS 操作系统集成了 Safari 的浏览器驱动，该驱动默认在/usr/bin/safaridriver 目录下。

（5）只支持 IE 9.0 以上版本。

4．Selenium IDE

Selenium IDE 同样是 Selenium 的家族成员。Selenium IDE 有两个版本，旧版的 Selenium IDE 是基于 Firefox 浏览器扩展的，如图 1-4 所示。

图 1-4　旧版的 Selenium IDE

它提供了比较完备的自动化功能，如脚本录制/回放、定时任务等；还可以将录制的脚本导成不同编程语言的 Selenium 测试脚本，这在很大程度上可以帮助新手编写测试用例。

但旧版的 Selenium IDE 不支持 Firefox 新版本支持的 API，因此 Selenium 团队重新开发了新版的 Selenium IDE，可以同时支持 Chrome、Firefox 以及其他浏览器。

项目地址：https://github.com/SeleniumHQ/selenium-ide。

新版的 Selenium IDE 如图 1-5 所示，功能比较简单，本书不再对 Selenium IDE 进行介绍。

图 1-5　新版的 Selenium IDE

1.5　appium 简介

appium 是当前移动平台上主流的自动化测试工具之一。

appium 是一个合成词，分别由 "application" 的前三个字母和 "Selenium" 的后三个字母组成。application 为 "应用"，我们一般把移动平台上的应用简称为 App。Selenium 是当前主流的 Web UI 自动化测试工具。appium 与 Selenium 之间是有继承关系的。appium 的寓意是：移动端的 Selenium 自动化测试工具。

appium 是一个开源自动化测试工具，支持 iOS 和 Android 平台上的原生应用、Web

应用以及混合应用。

原生应用：是指那些用 iOS 或者 Android SDK 开发的应用（App）。

Web 应用：是指可以使用移动浏览器（如 iOS 上的 Safari 和 Android 上的 Chrome）访问的应用。

混合应用：是指用原生代码封装网页视图，原生代码和 Web 内容交互的应用。比如，微信小程序，可以帮助开发者使用网页技术开发应用，然后用原生代码封装。

更重要的是，appium 是一个跨平台的测试工具，它允许测试人员在不同的平台（iOS、Android）使用同一套 API 编写自动化测试脚本，这大大增加了 iOS 和 Android 测试套件之间代码的复用性。

1. appium 与 Selenium

appium 类库封装了标准 Selenium 客户端类库，为用户提供常见的 JSON 格式的 Selenium 命令，以及额外的移动设备控制相关的命令，如多点触控手势和屏幕方向等操作。

appium 客户端 API 实现了 Mobile JSON Wire Protocol（一个标准协议的官方扩展草稿）和 W3C WebDriver spec（一个传输不可预知的自动化协议，该协议定义了 MultiAction 接口）的元素。

appium 服务器定义了官方协议的扩展，为 appium 用户提供方便的接口来执行各种设备动作，例如，在测试过程中安装/卸载 App 等。这也是我们需要安装 appium 特定的客户端，而不是通用的 Selenium 客户端的原因。当然，appium 客户端 API 只是增加了部分操作，在 Selenium 客户端的基础上进行了简单的扩展，因此它们仍然可以用来运行通用的 Selenium 会话。

第 2 章 测试环境搭建

2.1 安装 Python

官网：https://www.python.org。

Python 语言是由 Guido van Rossum 于 1989 年开发的，于 1991 年发行第一个公开发行版。因为早期的 Python 版本在基础设计方面存在着一些不足之处，所以 2008 年 Guido van Rossum 重新发布了 Python（当时命名为 Python 3000）。Python 3 在设计的时候很好地解决了之前的遗留问题，但是 Python 3 的最大的问题是不完全向后兼容，当时向后兼容的版本是 Python 2.6。

Guido van Rossum 宣布对 Python 2.7 的技术支持时间延长到 2020 年。Python 2.7 是 2.x 系列的最后一个版本。本书推荐使用 Python 3.x。

你可以根据自己的平台选择相应的版本进行下载。对于 Windows 用户来说，如果是 32 位系统，则选择 x86 版本；如果是 64 位系统，则选择 64 版本。下载完成后会得到一个 .exe 文件，双击进行安装即可。

Python 安装界面如图 2-1 所示。

图 2-1　Python 安装界面

安装过程与一般的 Windows 程序类似，注意勾选"Add Python 3.7 to PATH"。

安装完成后，在开始菜单中可以看到安装好的 Python 目录，如图 2-2 所示。

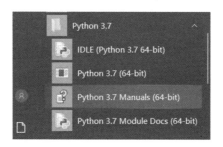

图 2-2　Python 目录

在 Windows 命令提示符下输入"python"命令，可以进入 Python Shell 模式，如图 2-3 所示。

图 2-3　Windows 命令提示符

> 小提示：如果提示"python"既不是内部命令，也不是外部命令，那么你需要把 Python 的安装目录添加到系统变量 Path 中，操作步骤如下。
>
> 右击桌面上的"此电脑"，打开右键菜单，单击"属性→高级系统设置→高级→环境变量"，在"系统变量"的"Path"中添加：
>
> 变量名：Path
>
> 变量值：;C:\Python37

2.2 安装 Selenium

最新的 Python 安装程序已经集成了 pip，pip 可以帮助我们方便地管理 Python 第三方包（库）。我们可以在...\Python37\Scripts\目录下查看是否存在 pip.exe 文件，并确保该目录已添加到"环境变量"的"PATH"下面。打开 Windows 命令提示符，输入"pip"命令，确保该命令可以执行。

通过"pip"命令安装 Selenium 包。

```
> pip install selenium
```

Pip 的常用命令如下。

```
> pip install selenium==3.11.0      # 安装指定版本号
> pip install -U selenium           # 安装最新版本号
> pip show selenium                 # 查看当前包的版本信息
> pip uninstall selenium            # 卸载 Selenium
```

2.3 第一个 Selenium 自动化测试脚本

下面编写第一个 Selenium 自动化测试脚本，创建 test_baidu.py 文件。

```python
from selenium import webdriver

driver = webdriver.Chrome()
driver.get("https://www.baidu.com")

driver.find_element_by_id("kw").send_keys("Selenium")
driver.find_element_by_id("su").click()
```

```
driver.quit()
```

第 1 行代码，导入 selenium 下面的 webdriver 模块。

第 2 行代码，调用 webdriver 模块下的 Chrome()类（注意大小写），赋值给变量 driver。

第 3 行代码，通过 driver 变量，调用 Chrome()类提供的 get()方法访问百度首页。

第 4、5 行代码，通过 find_element_by_id()方法分别定位页面上的元素，并且通过 send_keys()和 click()做输入、单击操作。

第 6 行代码，通过 quit()关闭浏览器。

接下来，你可以选择自己熟悉的 Python 编辑器/IDE 来运行这段代码。如果你是第一次使用 Python 语言，并且没有编程基础，那么也可以使用 Python 自带的 IDLE，主流的 Python 编辑器/IDE 有 Sublime Text3、Atom、VS Code 和 PyCharm，都是免费的，你不妨下载且体验一番，选择适合自己的。

2.4 浏览器驱动

当运行第 2.3 节中的代码时，可能会遇到以下报错。

```
Traceback (most recent call last):
  File "C:\Python37\lib\site-packages\selenium\webdriver\common\service.py", line 76, in start
    stdin=PIPE)
  File "C:\Python37\lib\subprocess.py", line 709, in __init__
    restore_signals, start_new_session)
  File "C:\Python37\lib\subprocess.py", line 997, in _execute_child
    startupinfo)
FileNotFoundError: [WinError 2] 系统找不到指定的文件。

During handling of the above exception, another exception occurred:

Traceback (most recent call last):
  File "baidu_test.py", line 3, in <module>
    driver = webdriver.Chrome()
  File "C:\Python36\lib\site-packages\selenium\webdriver\chrome\webdriver.py", line 68, in __init__
    self.service.start()
```

```
  File "C:\Python37\lib\site-packages\selenium\webdriver\common\service.py",
line 83, in start
    os.path.basename(self.path), self.start_error_message)
selenium.common.exceptions.WebDriverException: Message: 'chromedriver'
executable needs to be in PATH. Please see
https://sites.google.com/a/chromium.org/chromedriver/home
```

不要害怕报错，我们要学会查看错误信息，并从中找到解决方法。

"File "baidu_test.py", line 3"，Python 告诉我们错误在 baidu_test.py 文件的第 3 行。第 3 行代码是：

```
driver = webdriver.Chrome()
```

该行代码会调用 Chrome() 类，用于启动 Chrome 浏览器。最后，抛出 WebDriverException 异常，信息如下：

```
Message: 'chromedriver' executable needs to be in PATH. Please see
https://sites.google.com/a/chromium.org/chromedriver/home
```

告诉我们需要将 Chrome 浏览器对应的 ChromeDriver 驱动文件添加到"环境变量"的 Path 中。

各浏览器驱动下载地址如下。

GeckoDriver（Firefox）：https://github.com/mozilla/geckodriver/releases

ChromeDriver（Chrome）：https://sites.google.com/a/chromium.org/chromedriver/home

IEDriverServer（IE）：http://selenium-release.storage.googleapis.com/index.html

OperaDriver（Opera）：https://github.com/operasoftware/operachromiumdriver/releases

MicrosoftWebDriver（Edge）：https://developer.microsoft.com/en-us/microsoft-edge/tools/webdriver

1. 设置浏览器驱动

设置浏览器的方式非常简单。我们可以手动创建一个存放浏览器驱动的目录，如 D:\drivers，将下载的浏览器驱动文件（例如 ChromeDriver、GeckoDriver）放到该目录下。

右击"此电脑"，在右键菜单中单击"属性→高级系统设置→高级→环境变量→系统变量→Path",将"D:\drivers"目录添加到 Path 中。

> 变量名:Path
>
> 变量值:;D:\ drivers

2. 验证浏览器驱动

下面验证不同的浏览器驱动是否能正常使用,当然,你需要在操作系统中安装这些浏览器。

```
from selenium import webdriver

driver = webdriver.Firefox()      # Firefox 浏览器
driver = webdriver.Chrome()       # Chrome 浏览器
driver = webdriver.Ie()           # Internet Explorer 浏览器
driver = webdriver.Edge()         # Edge 浏览器
driver = webdriver.Opera()        # Opera 浏览器
```

第 3 章

Python基础

如果你已经有 Python 基础，那么可以跳过本章，本章是特意为 Python 新手准备的。通过对本章的学习，读者可以快速掌握 Python 的基础语法，这是编写自动化测试必须要掌握的。

3.1 Python 哲学

在具体学习 Python 之前，我们先来看一些有趣的东西。在 Python IDLE 的 Shell 模式下输入"import this"，将会看到如图 3-1 所示的一段话。

图 3-1　Python 之禅（The Zen of Python）

Beautiful is better than ugly. 优美胜于丑陋。

Explicit is better than implicit. 明了胜于晦涩。

Simple is better than complex. 简单胜过复杂。

Complex is better than complicated. 复杂胜过凌乱。

Flat is better than nested. 扁平胜于嵌套。

Sparse is better than dense. 间隔胜于紧凑。

Readability counts. 可读性很重要。

Special cases aren't special enough to break the rules. 即使假借特例的实用性之名，也不能违背这些原则。

Although practicality beats purity. 虽然实用性次于纯度。

Errors should never pass silently. 错误不应该被无声地忽略。

Unless explicitly silenced. 除非明确的沉默。

In the face of ambiguity, refuse the temptation to guess. 当存在多种可能时，不要尝试去猜测。

There should be one-and preferably only one-obvious way to do it. 应该有一个，最好只有一个，很明显可以做到这一点。

Although that way may not be obvious at first unless you're Dutch. 虽然这种方式可能不容易，除非你是 Python 之父。

Now is better than never. 现在做总比不做好。

Although never is often better than *right* now. 虽然过去从未比现在好。

If the implementation is hard to explain, it's a bad idea. 如果这个实现不容易解释，那么它肯定是个坏主意。

If the implementation is easy to explain, it may be a good idea. 如果这个实现容易解释，那么它很可能是个好主意。

Namespaces are one honking great idea -- let's do more of those! 命名空间是一种绝妙的理念，应当多加利用！

这就是 Python 之禅，也可以看作 Python 设计哲学。在接下来的 Python 学习中可体会到这种设计哲学。

3.2 输出

一般编程语言的教程都是从打印"Hello World！"开始的，我们这里也不免俗，下面就从打印"Hello Python"开始。

3.2.1 打印

Python 提供了 print()方法来打印信息，在 Python IDLE 中输入以下信息。

```
>>> print("hello python")
hello python
```

可打印出"hello Python"字符串。但是，有时候我们打印的信息并不是固定的，下面来看如何格式化输出。

```
>>> name = "tom"
>>> age = 27
>>> print("name is : " + name + ", age is : " + str(age))
name is : tom, age is : 27
>>> print("name is : %s, age is : %d" %(name, age))
name is : tom, age is : 27
>>> print("name is : {}, age is : {}".format(name, age))
name is : tom, age is : 27
```

这里分别定义了 name 和 age 变量，并用三种方式实行格式化输出。

第一种通过连接符（+）进行拼接。注意，age 是整型，所以需要通过 str()方法将整型转换成字符串。

第二种通过格式符（%s、%d）进行替换，其中，%s 用于指定字符串，%d（data）用于指定数字。如果不确定待打印的数据的类型，则可以用%r 表示。

第三种通过格式化函数 format() 进行格式化。这种方式是大多数程序员推荐的。如果不指定位置，就按照默认顺序。当然，也可以通过{0}、{1}指定位置，或者用变量指定对应关系，示例如下。

```
>>> print("name is : {1}, age is : {0}".format(age, name))
name is : tom, age is : 27
>>> print("name is : {n}, age is : {a}".format(n=name, a=age))
name is : tom, age is : 27
```

3.2.2 引号与注释

在 Python 中是不区分单引号（''）与双引号（""）的。也就是说，单引号和双引号都可以用来表示一个字符串。

```
>>> print("hello")
hello
>>> print('world')
world
```

单引号与双引号可以互相嵌套使用，但不能交叉使用。

```
>>> print("你说：'早上你好'")
你说：'早上你好'

>>> print('我说："今天天气不错"')
我说："今天天气不错"

>>> print("你微笑着'向我打招呼"。')
  File "<stdin>", line 1
    print("你微笑着'向我打招呼"。')
                              ^
SyntaxError: invalid character in identifier
```

再来看看注释，基本上每种语言都会提供单行注释和多行注释。Python 的单行注释用井号（#）表示。创建一个 2_annotation.py 文件。

```
# 单行注释
print("hell world") # 打印 hello world
```

单行注释一般写在代码的前一行或代码末尾。

多行注释用三引号表示，同样不区分单、双引号。

```
"""
功能：自动化测试
作者：虫师
日期：2018-03-09
"""

'''
This is a
Multi line comment
'''
```

3.3 分支与循环

结构化程序实际上是由顺序、分支和循环三种基本结构组成的。

3.3.1 if 语句

和大多数语言一样，Python 通过 if 语句实现分支判断，一般语法为 if…else。创建 3_if.py 文件。

```
a = 2
b = 3
if a > b:
    print("a max!")
else:
    print("b max!")
```

上面的语句分别对 a 和 b 赋值，通过 if 语句判断 a 和 b 的大小。如果 a 大于 b，则输出"a max!"，否则输出"b max!"。

需要强调的是，Python 没有像其他大多数语言一样使用"{}"表示语句体，而是通过语句的缩进来判断语句体，缩进默认为 4 个空格。

if 语句通过"=="运算符判断相等，通过"!="运算符判断不相等。

```
if 2+2 == 4:
    print("true")
else:
    print("false")
```

除此之外，if 语句还可以用"in"和"not in"判断字符串是否包含。

```
s = "hello"
ss = "hello world"
if s in ss:
    print("Contain")
else:
    print("Not Contain")
```

if 语句还可以进行布尔（True/False）类型的判断。

```
if True:
    print("true")
else:
    print("false")
```

下面通过一个多重条件判断来结束 if 语句的学习。

```
# 成绩
result = 72
if result >= 90:
    print('优秀')
elif result >= 70:
    print('良好')
elif result >= 60:
    print('及格')
else:
    print('不及格')
```

根据结果划分为四个级别，分别为"优秀"、"良好"、"及格"和"不及格"。72 分属于哪个级别呢，运行一下上面的代码吧！

3.3.2 for 语句

Python 同样提供了 while 循环，但从大多数程序员的习惯来看，它的使用频率远不及 for 循环，所以这里重点介绍 for 循环的使用。Python 中 for 循环的使用更加简单灵活。例如，我们可以直接对一个字符串进行循环遍历。

```
# 循环遍历字符串
for s in "hello":
    print(s)
```

运行程序，结果如下。

```
================== RESTART: D:/python_base/3_for.py ==================
h
e
l
l
o
```

当然，也可以对一个列表（稍后学习 Python 中的列表）进行循环遍历。

```
# 循环遍历列表
fruits = ['banana', 'apple', 'mango']

for fruit in fruits:
    print(fruit)
```

如果需要进行一定次数的循环，则需要借助 range()函数。

```
# 循环遍历 5 次
for i in range(5):
    print(i)
```

输出结果为：0~4。range()函数默认从 0 开始循环，我们也可以为其设置起始位置和步长。例如，打印 1 到 10 之间的奇数。

```
# 打印 1~10 之间的奇数
for i in range(1, 10, 2):
    print(i)
格式：range(start, end[,step])
```

在 range()函数中，start 表示起始位置，end 表示结束位置，step 表示每次循环的步长。运行上面的程序，输出结果为"1 3 5 7 9"。

3.4 列表、元组与字典

列表、元组与字典是最常见的用于存放数据的形式，在 Python 中，它们的用法非常灵活，下面进行简单的介绍。

3.4.1 列表

列表（即 list，也可以称为"数组"）用方括号（[]）表示，里面的每个元素用逗号（,）隔开。

```python
# 定义列表
lists = [1, 2, 3, 'a', 5]

# 打印列表
print(lists)

# 打印列表中的第 1 个元素
print(lists[0])

# 打印列表中的第 5 个元素
print(lists[4])

# 打印列表中的最后一个元素
print(lists[-1])

# 修改列表中的第 5 个元素为 "b"
lists[4] = 'b'
print(lists)

# 在列表末尾添加元素
lists.append('c')
print(lists)
# 删除列表中的第一个元素
lists.pop(0)
print(lists)
```

Python 允许在一个列表里面任意地放置数字或字符串。列表的下标是从 0 开始的，所以，lists[0] 会输出列表中的第一个元素。append() 方法可以向列表末尾追加新的元素，pop() 方法用于删除指定位置的元素。

3.4.2 元组

Python 的元组与列表类似，元组使用小括号（()）表示。

```python
# 定义元组
tup1 = ('a', 'b', 3, 4)
tup2 = (1, 2, 3)

# 查看元组
print(tup1[0])
print(tup2[0:2])
```

```
# 连接元组
tup3 = tup1 + tup2
print(tup3)

#复制元组
tup4 = ("Hi!")
print(tup4 * 3)
```

那么元组与列表有什么区别呢？唯一的区别是：列表是可变的，即可以追加、修改或删除其中的元素，而元组是不可变的。下面通过例子演示两者的区别。

```
# 定义列表
>>> my_list = [1,2,3]
# 定义元组
>>> my_tup = (1,2,3)
>>>
>>> my_list.append(4)
>>> my_tup.append(4)
Traceback (most recent call last):
  File "<pyshell#7>", line 1, in <module>
    my_tup.append(4)
AttributeError: 'tuple' object has no attribute 'append'
```

元组并不提供 append()方法来追加元素，所以，当不确定元素个数时建议使用列表，当提前知道元素数量时使用元组，因为元素的位置很重要。

3.4.3 字典

字典用花括号（{}）表示，每个元素由一个 key 和一个 value 组成，key 与 value 之间用冒号（:）分隔，不同的元素之间用逗号（,）分隔。

```
# 定义字典
dicts = {"username":"zhangsan",'password':123456}

# 打印字典中的所有 key
print(dicts.keys())

# 打印字典中的所有 value
print(dicts.values())

# 向字典中添加键/值对
dicts["age"] = 22
```

```python
# 循环打印字典 key 和 value
for k, v in dicts.items():
    print("dicts keys is %r " %k)
    print("dicts values is %r " %v)

# 删除键是'password'的项
dicts.pop('password')

# 打印字典以列表方法返回
print(dicts.items())
```

注意：Python 规定一个字典中的 key 必须是独一无二的，value 可以相同。

keys()方法返回字典 key 的列表，values()方法返回字典 value 的列表，items()方法将所有的字典元素以列表形式返回，这些列表中的每一项都包含 key 和 value。pop()方法通过指定 key 来删除字典中的某元素。

3.5 函数、类和方法

如果想编写更复杂的程序，就必须学会函数、类和方法。

3.5.1 函数

在 Python 中用 def 关键字来定义函数。

```python
# 定义 add()函数
def add(a, b):
    print(a + b)

# 调用 add()函数
add(3, 5)
```

创建一个 add()函数，此函数接收 a、b 两个参数，通过 print()打印 a+b 的结果。下面调用 add()函数，并且传 3 和 5 两个参数给 add()函数。

```python
def add(a, b):
    return a + b

c = add(3, 5)
print(c)
```

通常 add()函数不会直接打印结果,而是将结果通过 return 关键字返回。所以,需要使用变量 c 接收 add()函数的返回值,并通过 print()方法打印。

如果不想调用 add()函数为其传参数,那么也可以为 add()函数设置默认参数。

```
def add(a=1, b=2):
    return a + b

c1 = add()
c2 = add(3, 5)
print(c1)
print(c2)
```

如果调用时不传参数,那么 add()函数会使用默认参数进行计算,否则计算参数的值。

3.5.2 类和方法

在面向对象编程的世界里,一切皆为对象,抽象的一组对象就是类。例如,汽车是一个类,而张三家的奇瑞汽车就是一个具体的对象。在 Python 中,用 class 关键字创建类。

```
# 定义 MyClass 类
class MyClass(object):

    def say_hello(self, name):
        return "hello, " + name

# 调用 MyClass 类
mc = MyClass()
print(mc.say_hello("tom"))
```

上面创建了一个 MyClass 类(在 Python 3 中,object 为所有类的基类,所有类在创建时默认继承 object,所以不声明继承 object 也可以),在类下面创建一个 add()方法。方法的创建同样使用 def 关键字,与函数的唯一区别是,方法的第一个参数必须声明,一般习惯命名为"self",但在调用这个方法时并不需要为该参数设置数值。

一般在创建类时会先声明初始化方法__init__()。

注意:init 的两侧是双下画线,当我们调用该类时,可以用来进行一些初始化工作。

```
class A:
    def __init__ (self, a, b):
```

```
        self.a = int(a)
        self.b = int(b)

    def add(self):
        return self.a + self.b
# 调用类时需要传入初始化参数
count = A('4', 5)
print(count.add())
```

当我们调用 A 类时，会执行它的 __init__()方法，所以需要给它传参数。初始化方法将输入的参数类型转化为整型，这样可以在一定程度上保证程序的容错性。而 add()方法可以直接拿初始化方法 __init__()的 self.a 和 self.b 两个数进行计算。所以，我们在调用 A 类下面的 add()方法时，不需要再传参数。

继续创建 B 类，并继承 A 类。

```
# B 类继承 A 类
class B(A):

    def sub(self, a, b):
        return a - b
print(B(2, 3).add())
```

在 B 类中实现 sub()方法。因为 B 类继承 A 类，所以 B 类自然也拥有 add()方法，从而可以直接通过 B 类调用 add()方法。

3.6 模组

模组，一般称为类库或模块。在实际开发中，我们不可避免地会用到 Python 的标准模块和第三方库。如果要实现与时间有关的功能，就需要调用 Python 标准模块 time。如果要实现 Web 自动化测试，就需要调用 Python 第三方库 Selenium。

3.6.1 调用模块

通过 import 关键字调用 time 模块。

```
# 调用 time 模块
import time
```

```
print(time.ctime())
```

time 模块下的 ctime()函数用于获得当前时间,格式为 Thu Mar 15 15:52:31 2018。

当然,如果确定只会用到 time 模块下面的 ctime()函数,那么也可以用 from import 直接导入 ctime()函数。

```
# 直接导入 ctime()函数
from time import ctime

print(ctime())
```

这里不必告诉 Python,ctime()函数是 time 模块提供的。有时候我们可能还会用到 time 模块下面的其他函数,如 time()函数、sleep()函数等,可以用下面的方法导入多个函数。

```
# 直接导入 time 模块下的多个函数
from time import time, sleep
```

假设我们会用到 time 模块下面的所有函数,但又不想在使用过程中为每个函数加 time. 前缀,那么可以使用星号(*)一次性把 time 模块下面的所有函数都导入进来。

```
# 导入 time 模块下的所有函数
from time import *

print(ctime())
print("休眠两秒")
sleep(2)
print(ctime())
```

星号"*"用于表示模块下面的所有函数,但并不推荐这样做。

如果导入的函数刚好与自己定义的函数重名,那么可以用"as"对导入的函数重命名。

```
# 对导入的 sleep 函数重命名
from time import sleep as sys_sleep

def sleep(sec):
    print("this is I defined sleep() ")
```

这里将 time 模块下面的 sleep()函数重命名为 sys_sleep,用于区别当前文件中定义的 sleep()函数。

你可能会好奇,time 模块到底在哪儿?为什么 import 进来就可以用了?这是 Python

提供的核心方法，而且经过了编译，所以我们无法看到 ctime()函数是如何获取系统当前时间的。不过，我们可以通过 help()方法查看 time 模块的帮助说明。

```
>>> import time
>>> help(time)
Help on built-in module time:

NAME
    time - This module provides various functions to manipulate time values.

DESCRIPTION
    There are two standard representations of time.  One is the number
    of seconds since the Epoch, in UTC (a.k.a. GMT).  It may be an integer
    or a floating point number (to represent fractions of seconds).
    The Epoch is system-defined; on Unix, it is generally January 1st, 1970.
    The actual value can be retrieved by calling gmtime(0).
    
    The other representation is a tuple of 9 integers giving local time.
    The tuple items are:
      year (including century, e.g. 1998)
      month (1-12)
      day (1-31)
      hours (0-23)
      minutes (0-59)
      seconds (0-59)
      weekday (0-6, Monday is 0)
      Julian day (day in the year, 1-366)
      DST (Daylight Savings Time) flag (-1, 0 or 1)
    If the DST flag is 0, the time is given in the regular time zone;
    if it is 1, the time is given in the DST time zone;
    if it is -1, mktime() should guess based on the date and time.

Variables:

    timezone -- difference in seconds between UTC and local standard time
    altzone -- difference in  seconds between UTC and local DST time
    daylight -- whether local time should reflect DST
    tzname -- tuple of (standard time zone name, DST time zone name)

Functions:

    time() -- return current time in seconds since the Epoch as a float
    clock() -- return CPU time since process start as a float
```

```
sleep() -- delay for a number of seconds given as a float
gmtime() -- convert seconds since Epoch to UTC tuple
localtime() -- convert seconds since Epoch to local time tuple
asctime() -- convert time tuple to string
ctime() -- convert time in seconds to string
mktime() -- convert local time tuple to seconds since Epoch
strftime() -- convert time tuple to string according to format specification
strptime() -- parse string to time tuple according to format specification
tzset() -- change the local timezone
```

Python 安装的第三方库或框架默认存放在..\Python37\Lib\site-packages\目录下面,如果你已经学习了第 2 章并安装了 Selenium,那么可以在该目录下找到 Selenium 目录。调用第三方库的方式与调用 Python 自带模块的方式一致。

3.6.2 自定义模块

除可调用 Python 自带模块和第三方库外,我们还可以自己创建一些模块。对于一个软件项目来说,不可能把所有代码都放在一个文件中实现,一般会根据功能划分为不同的模块,存放在不同的目录和文件中。

下面创建一个目录 project1,并在目录下创建两个文件,结构如下:

```
project1/
    ├── calculator.py
    └── test.py
```

在 calculator.py 文件中创建 add()函数。

```
# 创建 add()函数
def add(a, b):
    return a + b
```

在相同的目录下再创建一个文件 test.py,导入 calculator.py 文件中的 add()函数。

```
# 导入 calculator 文件中的 add 函数
from calculator import add

print(add(4,5))
```

这样就实现了跨文件的函数导入。

> **知识延伸**：如果你细心，一定会发现在运行 test.py 程序之后，project 目录下多了一个 __pycache__/calculator.cpython-37.pyc 文件，它的作用是什么呢？
>
> 为了提高模块加载速度，每个模块都会在 __pycache__ 文件夹中放置该模块的预编译模块，命名为 module.version.pyc。version 是模块的预编译版本编码，通常会包含 Python 的版本号。例如，在 CPython 发行版 3.7 中，calculator.py 文件的预编译文件是：__pycache__/calculator.cpython-37.pyc。

3.6.3 跨目录调用文件

如果调用文件与被调用文件在同一个目录下，则可以非常方便地调用。如果调用文件与被调用文件不在同一个目录下，那么应怎样调用呢？假设文件目录结构如下：

```
project2/
├── module/
│     └──calculator.py
└── test/
      └── test.py
```

test.py 文件要想调用 calculator.py 文件就比较麻烦了。我们先来弄明白另一个问题：Python 是如何查找 import 模块的。

先在 test.py 文件中编写如下代码并执行。

```python
import sys
print(sys.path)
```

打印结果如下：

```
['D:\\git\\book-code\\python_base\\project2\\test',

'C:\\Python37\\python37.zip',

'C:\\Python37\\DLLs',

'C:\\Python37\\lib',

'C:\\Python37',

'C:\\Python37\\lib\\site-packages']
```

当我们调用（import）一个文件时，如调用 calculator.py 文件，Python 将按照这个列表，由上到下依次在这些目录中查找名为 calculator 的目录或文件。显然这个列表中并没有 calculator.py 文件。

所以，自然无法调用 calculator 文件。

calculator.py 文件的绝对路径是：

```
D:\\git\\book-code\\python_base\\project2\\module
```

明白了这一点，跨目录调用文件的问题就很好解决了，我们只需将 calculator.py 文件所属的目录添加到系统的 Path 中即可。

```
import sys
sys.path.append("D:\\git\\book-code\\python_base\\project2\\module")
from calculator import add

print(add(2, 3))
```

这样，问题就解决了。但是，当代码中出现 D:\\git\\book-code\\python_base\\project2\\module 这样的绝对路径时，项目的可移植性就会变得很差，因为你写的代码需要提交到 Git，其他开发人员需要拉取这些代码并执行，你不能要求所有开发人员的项目路径都和你保持一致。所以，我们应该避免在项目中写绝对路径。

进一步优化上面的代码如下。

```
import sys
from os.path import dirname, abspath

project_path = dirname(dirname(abspath(__file__)))
sys.path.append(project_path + "\\module")
from  calculator import add

print(add(2,3))
```

__file__ 用于获取文件所在的路径，调用 os.path 下面的 abspath(__file__) 可以得到文件的绝对路径：

```
D:\\git\\book-code\\python_base\\project2\\test\test.py
```

dirname()函数用于获取上级目录，所以当两个 dirname()函数嵌套使用时，得到的目录如下：

> D:\\git\\book-code\\python_base\\project2

将该路径与"\\module"目录拼接，可得到 calculator.py 文件的所属目录，添加到 Path 即可。这样做的好处是，只要 project2 项目中的目录结构不变，在任何环境下都可以正常执行。

3.6.4　编写自测代码

现在继续讨论另一个话题，当开发人员 A 写好 calculator.py 文件中的 add()函数时，必然要进行测试，代码如下。

```python
# 创建add()函数
def add(a, b):
    return a + b

#自测试代码
c = add(3, 5)
print(c)
```

接下来开发人员 B 在 test.py 文件中调用开发人员 A 创建的 add()函数。

```python
import sys
from os.path import dirname, abspath
project_path = dirname(dirname(abspath(__file__)))
sys.path.append(project_path + "\\module")
from calculator import add

#调用add()函数
c = add(2, 3)
print(c)
```

运行上面的代码，你将会得到两个结果：8 和 5。这个 5 很好理解，因为在 test.py 中调用 add()函数时传入的参数是 2 和 3，那么 8 是从哪里来的？显然，calculator.py 文件中的测试代码也被执行了，但这不是我们想看到的结果。

对 calculator.py 文件做如下修改。

```python
# 创建add()函数
def add(a, b):
    return a + b
```

```
if __name__ == '__main__':
    # 测试代码
    c = add(3, 5)
    print(c)
```

"if __name__ == '__main__':"表示当模块被直接运行时，下面的代码块将被运行；当模块被其他程序文件调用时，下面的代码块不被运行。

3.7 异常

Python 用异常对象（Exception Object）来表示异常情况。在遇到错误后，异常对象会引发异常。如果异常对象并未被处理或捕捉到，则程序会用回溯（Traceback，一种错误信息）来终止程序。

在程序开发中，有时程序并不按照我们设计的那样工作，它也有"生病"的时候。这时我们就可以通过异常处理机制，有预见性地获得这些"病症"，并开出"药方"。例如，一个普通人，在寒冷的冬天洗冷水澡，那么他很可能会感冒。我们可以在他洗冷水澡之前提前准备好感冒药，假如他真感冒了，就立刻吃药。

3.7.1 认识异常

下面来看程序在执行时所抛出的异常。

```
>>> open("abc.txt",'r')
Traceback (most recent call last):
  File "<stdin>", line 1, in <module>
FileNotFoundError: [Errno 2] No such file or directory: 'abc.txt'
```

首先，我们通过 open()方法以读"r"的方式打开一个 abc.txt 文件。然后，Python 抛出一个 FileNotFoundError 类型的异常，它告诉我们：

No such file or directory："abc.txt"（没有 abc.txt 这样的文件或目录）

当然找不到了，因为我们根本就没有创建这个文件。

既然知道当打开一个不存在的文件时会抛出 FileNotFoundError 异常，那么我们就可以通过 Python 提供的 try except 语句来捕捉并处理这个异常。创建 abnormal.py 文件，代码如下。

```
try:
    open("abc.txt", 'r')
except FileNotFoundError:
    print("异常了!")
```

再来运行程序，因为已经用 try except 捕捉到 FileNotFoundError 异常，所以"异常了！"会被打印出来。修改程序，使其打印一个没有定义的变量 a。

```
try:
    print(a)
except FileNotFoundError:
    print("异常了!")
```

这次依然会抛出异常信息。

```
Traceback (most recent call last):
  File "D:\py_base\abnormal.py", line 3, in <module>
    print(a)
NameError: name 'a' is not defined
```

不是已经通过 try except 去接收异常了吗，为什么又报错了？细心查看错误信息就会发现，这一次抛出的是 NameError 类型的错误，而 FileNotFoundError 只能接收找不到文件的错误。这就好像在冬天洗冷水澡，本应准备感冒药，但准备的是治疗胃痛的药，显然是没有帮助的。

这里我们只需将捕捉异常类型修改为 NameError 即可。

知识延伸：异常的抛出机制？

1. 如果在运行时发生异常，那么解释器会查找相应的处理语句（称为 handler）。

2. 如果在当前函数里没有找到相应的处理语句，那么解释器会将异常传递给上层的调用函数，看看那里能不能处理。

3. 如果在最外层函数（全局函数 main()）也没有找到，那么解释器会退出，同时打印 Traceback，以便让用户找到错误产生的原因。

注意：虽然大多数错误会导致异常，但异常不一定代表错误，有时候它们只是一个警告，有时候是一个终止信号，如退出循环等。

在 Python 中,所有的异常类都继承自 Exception。但自 Python 2.5 版本之后,所有的异常类都有了新的基类 BaseException。Exception 同样也继承自 BaseException,所以我们可以使用 BaseException 来接收所有类型的异常。

```
try:
    open("abc.txt", 'r')
    print(a)
except BaseException:
    print("异常了!")
```

对于上面的例子,只要其中一行出现异常,BaseException 就能捕捉到并打印"异常了!"。但是我们并不知道具体哪一行代码引起了异常,如何让 Python 直接告诉我们异常的原因呢?

```
try:
    open("abc.txt", 'r')
    print(a)
except BaseException as msg:
    print(msg)
```

我们在 BaseException 后面定义了 msg 变量来接收异常信息,并通过 print()将其打印出来。运行结果如下。

```
[Errno 2] No such file or directory: 'abc.txt'
```

Python 中常见的异常如表 3-1 所示。

表 3-1　Python 中常见的异常

异　　常	描　　述
BaseException	新的所有异常类的基类
Exception	所有异常类的基类,但继承自 BaseException 类
AssertionError	assert 语句失败
FileNotFoundError	试图打开一个不存在的文件或目录
AttributeError	试图访问的对象没有属性
OSError	当系统函数返回一个系统相关的错误(包括 I/O 故障),如"找不到文件"或"磁盘已满"时,引发此异常
NameError	使用一个还未赋值对象的变量
IndexError	当一个序列超出范围时引发此异常

续表

异　常	描　述
SyntaxError	当解析器遇到一个语法错误时引发此异常
KeyboardInterrupt	组合键 Ctrl+C 被按下，程序被强行终止
TypeError	传入的对象类型与要求不符

3.7.2　更多异常用法

通过对前面的学习，我们了解了异常的一般用法，下面学习异常的更多用法，如 try except else 用法。

```
try:
    a = "异常测试:"
    print(a)
except NameError as msg:
    print(msg)
else:
    print("没有异常时执行!")
```

这里我们对变量 a 进行了赋值，如果没有异常，则会执行 else 语句后面的内容。

有时候，我们希望不管是否出现异常，有些操作都会被执行，例如，文件的关闭、锁的释放、把数据库连接返还给连接池等。我们可以使用 try…except…finally 实现这样的需求。

```
try:
    print(a)
except NameError as msg:
    print(msg)
finally:
    print("不管是否出现异常，都会被执行。")
```

我们给变量 a 赋值后，再次运行上面的代码，验证 finally 语句体是否被执行。

3.7.3　抛出异常

如果你开发的是一个第三方库或框架，那么在程序运行出错时抛出异常会更为专业。在 Python 中，raise 关键字可用来抛出一个异常信息。下面的例子演示了 raise 的用法。

```
# 定义 say_hello()函数
def say_hello(name=None):
    if name is None:
```

```
        raise NameError('"name" cannot be empty')
    else:
        print("hello, %s" %name)


# 调用 say_hello()函数
say_hello()
```

首先定义 say_hello()函数，设置参数 name 为 None。在函数中判断参数 name 如果为 None，则抛出 NameError 异常，提示""name" cannot be empty"；否则，打印 hello,……。

当我们调用 say_hello()函数不传参数时，结果如下。

```
Traceback (most recent call last):
  File "D:\py_base\abnormal.py", line 11, in <module>
    say_hello()
  File "D:\py_base\abnormal.py", line 5, in say_hello
    raise NameError('"name" cannot be empty')
NameError: "name" cannot be empty
```

需要注意的是，raise 只能使用 Python 提供的异常类，如果想要 raise 使用自定义异常类，则自定义异常类需要继承 Exception 类。

3.8 新手常犯的错误

本章的最后，列举一些 Python 初学者常犯的错误。

（1）Python 没有使用{}来表示语句体，当碰到冒号（:）结尾的语句时，一定要用四个空格或 Tab 键进行缩进。但在一个语句体中不要混合使用四个空格和 Tab 键。

（2）大部分方法两边带的下画线多半是双下画线，如"__init__"，不要写成"_init_"。

（3）项目不要都创建在 Python 的安装目录中，初学者可能会误以为只有把程序建在 Python 的安装目录下才能运行，其实不然。例如，在 C 盘安装了音乐播放器，那么只要把音乐文件设置为由该播放器打开，那么在硬盘中任何一个角落的音乐文件都能由该播放器打开。Python 程序也是如此，只要正确地把 Python 目录配置到环境变量 Path 下，任何目录下的 Python 程序都可以被执行。

（4）在 Python 程序文件路径中，应尽量避免出现中文或空格。例如，D:\自动化测试\xx

项目\test case list\test.py。这可能会导致有些编辑器无法运行该程序，例如，Sublime Text 就无法运行这种目录下的程序。

（5）创建的目录与文件名不要与引用类库同名。例如，D:\selenium\webdriver.py。在创建目录与文件夹时一定要避免。

第 4 章
WebDriver API

从本章开始正式学习 WebDriver API，它可用来操作浏览器元素的一些类和方法。本章内容参考官方 API，通过一些 Web 例子介绍最常用的方法。

4.1 从定位元素开始

在开始学习之前，我们先来看一个 Web 页面，如图 4-1 所示。

图 4-1　Web 页面

这是百度的首页，页面上有输入框、按钮、文字链接、图片等元素。自动化测试要做的就是模拟鼠标和键盘来操作这些元素，如单击、输入、鼠标悬停等。

而操作这些元素的前提是要定位它们。自动化工具无法像测试人员一样可以通过肉眼来分辨页面上的元素定位，那么如何定位这些元素呢？

通过 Chrome 浏览器自带的开发者工具可以看到，页面元素都是由 HTML 代码组成的，它们之间有层级地组织起来，每个元素有不同的标签名和属性值，如图 4-2 所示。WebDriver 就是根据这些信息来定位元素的。

图 4-2　通过开发者工具查看页面元素

WebDriver 提供了 8 种元素定位方法，在 Python 中，对应的方法如下：

- id 定位　　　　　　　→　　find_element_by_id()
- name 定位　　　　　　→　　find_element_by_name()
- tag 定位　　　　　　　→　　find_element_by_tag_name()
- class 定位　　　　　　→　　find_element_by_class_name()
- link_text　　　　　　　→　　find_element_by_link_text()
- partial link 定位　　　→　　find_element_by_partial_link_text()
- XPath 定位　　　　　　→　　find_element_by_xpath()
- CSS_selector 定位　　→　　find_element_by_css_selector()

下面逐一讲解如何使用这些定位方法。在此之前，我们复制百度首页的前端代码，并以此为例来讲解页面元素的定位方法。

```
<html>
  <head>
  <body>
      <script>
      <div id="wrapper" style="display: block;">
          <div id="debug" style="display:block;position:..">
          <script>
```

```
            <div id="head" class="s_down">
                <div class="head_wrapper">
                    <div class="s_form">
                        <div class="s_form_wrapper">
                            <div id="lg">
                            <a id="result_logo" onmousedown="return .." href="/">
                            <form id="form" class="fm" action="/s" name="f">
                                <input type="hidden" value="utf-8" name="ie">
                                <input type="hidden" value="8" name="f">
                                <input type="hidden" value="1" name="rsv_bp">
                                <input type="hidden" value="1" name="rsv_idx">
                                <input type="hidden" value="" name="ch">
                                <input type="hidden" value="02.." name="tn">
                                <input type="hidden" value="" name="bar">
                                <span class="bg s_ipt_wr">
                                    <input id="kw" class="s_ipt" autocomplete="off"
                                        maxlength="100" value="" name="wd">
                                </span>
                                <span class="bg s_btn_wr">
                                    <input id="su" class="bg s_btn" type="submit"
                                        value="百度一下">
                                </span>
...
    </body>
</html>
```

这段代码并非查看页面源代码，而是通过开发者工具得到的页面代码，这样的 HTML 结构有如下特征。

（1）它们由标签对组成。

```
<html></html>
<body></body>
<div></div>
<form></form>
```

html、div 是标签的标签名。

（2）标签有各种属性。

```
<div id="head" class="s_down">
<from class="well">
<input id="kw" name="wd" class="s_ipt">
```

就像人也会有各种属性一样，如身份证号（id）、姓名（name）等。

（3）标签对之间可以有文本数据。

```
<a>新闻</a>
<a>hao123</a>
<a>地图</a>
```

（4）标签有层级关系。

```
<html>
    <body>
    </body>
</html>
<div>
    <form>
        <input />
    </form>
<div>
```

对于上面的结构，如果把 input 看作子标签，那么 form 就是它的父标签。

理解上面这些特性是学习定位方法的基础。我们以百度输入框和百度搜索按钮为例，学习使用不同的方法来定位它们，百度输入框和百度搜索按钮的代码如下。

```
……
<input id="kw" class="s_ipt" autocomplete="off" maxlength="100" value="" name="wd">
……
<input id="su" class="bg s_btn" type="submit" value="百度一下">
……
```

如果把页面上的元素看作人，那么在现实世界中如何找到某人呢？

首先，可以通过人本身的属性进行查找，例如他的姓名、手机号、身份证号等，这些都是用于区别于他人的属性。在 Web 页面上的元素也有本身的属性，例如，id、name、class name、tag name 等。

其次，可以通过位置进行查找，例如，x 国、x 市、x 路、x 号。XPath 和 CSS 可以通过标签层级关系的方式来查找元素。

最后，还可以借助相关人的属性来找到某人。例如，我没有小明的联系方式，但是我有他爸爸的手机号，那么通过他爸爸的手机号最终也可以找到小明。XPath 和 CSS 同样提供了相似的定位策略来查找元素。

理解了这些查找规则之后，下面介绍的几种元素定位方法就很好理解了。

4.1.1　id 定位

HTML 规定，id 在 HTML 文档中必须是唯一的，这类似于我国公民的身份证号，具有唯一性。WebDriver 提供的 id 定位方法是通过元素的 id 来查找元素的。通过 id 定位百度输入框与百度搜索按钮的用法如下。

```
find_element_by_id("kw")
find_element_by_id("su")
```

find_element_by_id()方法是通过 id 来定位元素的。

4.1.2　name 定位

HTML 规定，name 用来指定元素的名称，因此它的作用更像是人的姓名。通过 name 定位百度输入框的用法如下。

```
find_element_by_name("wd")
```

find_element_by_name()方法是通过 name 来定位元素的。

4.1.3　class 定位

HTML 规定，class 用来指定元素的类名，其用法与 id、name 类似。通过 class 定位百度输入框的用法如下。

```
find_element_by_class_name("s_ipt")
```

find_element_by_class_name()方法是通过 class 来定位元素的。

4.1.4　tag 定位

HTML 通过 tag 来定义不同页面的元素。例如，<input>一般用来定义输入框，<a>标签用来定义超链接等。不过，因为一个标签往往用来定义一类功能，所以通过标签识别单个元素的概率很低。例如，我们打开任意一个页面，查看前端代码时都会发现大量的<div>、<input>、<a>等标签。

通过标签名（tag name）定位百度输入框的用法如下。

```
find_element_by_tag_name("input")
```

find_element_by_tag_name()方法是通过元素的标签名来定位元素的。

4.1.5　link 定位

link 定位与前面介绍的几种定位方法有所不同，它专门用来定位文本链接。百度输入框上面的几个文字链接的代码如下。

```
<a class="mnav" name="tj_trnews" href="http://news.baidu.com">新闻</a>
<a class="mnav" name="tj_trhao123" href="http://www.hao123.com">hao123</a>
<a class="mnav" name="tj_trmap" href="http://map.baidu.com">地图</a>
<a class="mnav" name="tj_trvideo" href="http://v.baidu.com">视频</a>
<a class="mnav" name="tj_trtieba" href="http://tieba.baidu.com">贴吧<a>
```

查看上面的代码可以发现，通过 name 定位是个不错的选择。不过这里为了演示 link 定位的使用，现给出通过 link 定位链接的用法如下。

```
find_element_by_link_text("新闻")
find_element_by_link_text("hao123")
find_element_by_link_text("地图")
find_element_by_link_text("视频")
find_element_by_link_text("贴吧")
```

find_element_by_link_text()方法是通过元素标签对之间的文字信息来定位元素的。

4.1.6　partial link 定位

partial link 定位是对 link 定位的一种补充，有些文字链接比较长，这个时候我们可以取文字链接的部分文字进行定位，只要这部分文字可以唯一地标识这个链接即可。

```
<a class="mnav" name="tj_lang" href="#">一个很长的文本链接</a>
```

通过 partial link 定位链接的用法如下。

```
find_element_by_partial_link_text("一个很长的")
find_element_by_partial_link_text("文本链接")
```

find_element_by_partial_link_text()方法是通过元素标签对之间的部分文字定位元素的。

前面介绍的几种定位方法相对来说比较简单，在理想状态下，一个页面当中每个元素都有唯一的 id 值和 name 值，可以通过它们来查找元素。但在实际项目中并非想象得这般美好，有时候一个元素没有 id 值和 name 值，或者页面上有多个元素属性是相同的；又或者 id 值是随机变化的，在这种情况下，如何定位元素呢？

下面介绍 XPath 定位与 CSS 定位，与前面介绍的几种定位方式相比，它们提供了更加灵活的定位策略，可以通过不同的方式定位想要的元素。

4.1.7　XPath 定位

在 XML 文档中，XPath 是一种定位元素的语言。因为 HTML 可以看作 XML 的一种实现，所以 WebDriver 提供了这种在 Web 应用中定位元素的方法。

1. 绝对路径定位

XPath 有多种定位策略，最简单直观的就是写出元素的绝对路径。如果把元素看作人，假设这个人没有任何属性特征（手机号、姓名、身份证号），但这个人一定存在于某个地理位置，如 xx 省 xx 市 xx 区 xx 路 xx 号。对于页面上的元素而言，也会有这样一个绝对地址。

参考开发者工具所展示的代码层级结构，我们可以通过下面的方式找到百度输入框和百度搜索按钮。

```
find_element_by_xpath("/html/body/div/div[2]/div/div/div/from/span/input")
find_element_by_xpath("/html/body/div/div[2]/div/div/div/from/span[2]/input")
```

find_element_by_xpath()方法是用 XPath 来定位元素的。这里主要用标签名的层级关系来定位元素的绝对路径，最外层为 html，在 body 文本内，一级一级往下查找。如果一个层级下有多个相同的标签名，那么就按上下顺序确定是第几个。例如，div[2]表示当前层级下第二个 div 标签。

2. 利用元素属性定位

除使用绝对路径外，XPath 还可以使用元素的属性值来定位。

```
find_element_by_xpath("//input[@id='kw']")
find_element_by_xpath("//input[@id='su']")
```

//input 表示当前页面某个 input 标签，[@id='kw'] 表示这个元素的 id 值是 kw。下面通过 name 和 class 来定位。

```
find_element_by_xpath("//*[@name='wd']")
find_element_by_xpath("//*[@class='s_ipt']")
```

如果不想指定标签名，那么可以用星号（*）代替。当然，使用 XPath 不局限于 id、name 和 class 这三个属性值，元素的任意属性都可以使用，只要它能唯一标识一个元素。

```
find_element_by_xpath("//input[@maxlength='100']")
find_element_by_xpath("//input[@autocomplete='off']")
find_element_by_xpath("//input[@type='submit']")
```

3. 层级与属性结合

如果一个元素本身没有可以唯一标识这个元素的属性值，那么我们可以查找其上一级元素。如果它的上一级元素有可以唯一标识属性的值，就可以拿来使用。参考 baidu.html 文本。

```
...
<form id="form" class="fm" action="/s" name="f">
  <span class="s_ipt_wr">
    <input id="kw" class="s_ipt" autocomplete="off" maxlength="100" name="wd">
  </span>
  <span class="s_btn_wr">
    <input id="su" class="bg s_btn" type="submit" value="百度一下">
  </span>
...
```

假如百度输入框没有可利用的属性值，那么可以查找它的上一级属性。例如，小明刚出生的时候没有名字，也没有身份证号，那么亲朋好友来找小明时可以先找到小明的爸爸，因为他爸爸是有很多属性特征的。找到小明的爸爸后，就可以找到小明了。通过 XPath 描述如下：

```
find_element_by_xpath("//span[@class='bg s_ipt_wr']/input")
```

span[@class='s_ipt_wr'] 通过 class 定位到父元素，后面的/input 表示父元素下面的子元素。如果父元素没有可利用的属性值，那么可以继续向上查找父元素的父元素。

```
find_element_by_xpath("//form[@id='form']/span/input")
find_element_by_xpath("//form[@id='form']/span[2]/input")
```

我们可以通过这种方法一级一级向上查找，直到找到最外层的<html>标签，那就是一个绝对路径的写法了。

4．使用逻辑运算符

如果一个属性不能唯一区分一个元素，那么我们可以使用逻辑运算符连接多个属性来查找元素。

```
find_element_by_xpath("//input[@id='kw' and @class='s_ipt']")
```

and 表示必须满足两个条件来定位元素。

5．使用 contains 方法

contains 方法用于匹配一个属性中包含的字符串。例如，span 标签的 class 属性为"bg s_ipt_wr"。

```
find_element_by_xpath("//span[contains(@class,'s_ipt_wr')]/input")
```

contains 方法只取了 class 属性中的"s_ipt_wr"部分。

6．使用 text()方法

text()方法用于匹配显示文本信息。例如，前面通过 link text 定位的文字链接。

```
find_element_by_xpath("//a[text(),'新闻')]")
```

当然，contains 和 text()也可以配合使用。

```
find_element_by_xpath("//a[contains(text(),'一个很长的')]")
```

它实现了 partial link 定位的效果。

4.1.8　CSS 定位

CSS 是一种语言，用来描述 HTML 和 XML 文档的表现。CSS 使用选择器为页面元素绑定属性。

CSS 选择器可以较为灵活地选择控件的任意属性，一般情况下，CSS 定位速度比 XPath 定位速度快，但对于初学者来说，学习起来稍微有点难度，下面介绍 CSS 选择器的语法与使用。

CSS 选择器的常见语法如表 4-1 所示。

表 4-1　CSS 选择器的常见语法

选择器	例　子	描　述
.class	.intro	class 选择器，选择 class="intro"的所有元素
#id	#firstname	id 选择器，选择 id="firstname"的所有元素
*	*	选择所有元素
element	p	选择所有<p>元素
element > element	div > input	选择父元素为 <div>的所有 <input> 元素
element + element	div + input	选择同一级中紧接在 <div> 元素之后的所有 <input> 元素
[attribute=value]	[target=_blank]	选择 target="_blank" 的所有元素

下面同样以百度输入框和百度搜索按钮为例，介绍 CSS 定位的用法。

```
...
 <span class="bg s_ipt_wr">
  <input id="kw" class="s_ipt" autocomplete="off" maxlength="100" name="wd">
</span>
<span class="bg s_btn_wr">
   <input id="su" class="s_btn" type="submit" value="百度一下">
</span>
...
```

1. 通过 class 定位

```
find_element_by_css_selector(".s_ipt")
find_element_by_css_selector(".s_btn")
```

find_element_by_css_selector()方法用于在 CSS 中定位元素，点号（.）表示通过 class 来定位元素。

2. 通过 id 定位

```
find_element_by_css_selector("#kw")
find_element_by_css_selector("#su")
```

井号（#）表示通过 id 来定位元素。

3. 通过标签名定位

```
find_element_by_css_selector("input")
```

在 CSS 中，用标签名定位元素时不需要任何符号标识，直接使用标签名即可。

4. 通过标签层级关系定位

```
find_element_by_css_selector("span > input")
```

这种写法表示有父元素，父元素的标签名为 span。查找 span 中所有标签名为 input 的子元素。

5. 通过属性定位

```
find_element_by_css_selector("[autocomplete=off]")
find_element_by_css_selector("[name='kw']")
find_element_by_css_selector('[type="submit"]')
```

在 CSS 中可以使用元素的任意属性定位，只要这些属性可以唯一标识这个元素。对属性值来说，可以加引号，也可以不加，注意和整个字符串的引号进行区分。

6. 组合定位

我们可以把上面的定位策略组合起来使用，这就大大加强了定位元素的唯一性。

```
find_element_by_css_selector("form.fm > span > input.s_ipt")
find_element_by_css_selector("form#form > span > input#kw")
```

我们要定位的这个元素标签名为 input，这个元素的 class 属性为 s_ipt；并且它有一个父元素，标签名为 span。它的父元素还有父元素，标签名为 form，class 属性为 fm。我们要找的就是必须满足这些条件的一个元素。

7. 更多定位用法

```
find_element_by_css_selector("[class*=s_ipt_wr]")
```

查找 class 属性包含"s_ipt_wr"字符串的元素。

```
find_element_by_css_selector("[class^=bg]")
```

查找 class 属性以"bg"字符串开头的元素。

```
find_element_by_css_selector("[class$=wrap]")
```

查找 class 属性以"wrap"字符串结尾的元素。

```
find_element_by_css_selector("form > input:nth-child(2)")
```

查找 form 标签下面第 2 个 input 标签的元素。

CSS 选择器的更多用法可以查看 W3CSchool 网站中的 CSS 选择器参考手册（http://www.w3school.com.cn/cssref/css_selectors.asp）。

通过前面的学习我们了解到，XPath 和 CSS 都提供了非常强大而灵活的定位方法。相比较而言，CSS 语法更加简洁，但理解和使用的难度要大一点。根据笔者的经验，这两种定位方式我们只需掌握一种即可解决大部分定位问题，至于选择哪一种就看读者的个人喜好了。

4.1.9 用 By 定位元素

针对前面介绍的 8 种定位方法，WebDriver 还提供了另外一套写法，即统一调用 find_element()方法，通过 By 来声明定位，并且传入对应定位方法的定位参数，具体如下。

```
find_element(By.ID,"kw")
find_element(By.NAME,"wd")
find_element(By.CLASS_NAME,"s_ipt")
find_element(By.TAG_NAME,"input")
find_element(By.LINK_TEXT,"新闻")
find_element(By.PARTIAL_LINK_TEXT,"新")
find_element(By.XPATH,"//*[@class='bg s_btn']")
find_element(By.CSS_SELECTOR,"span.bg s_btn_wr>input#su")
```

find_element()方法只用于定位元素，它需要两个参数。第一个参数是定位的类型，由 By 提供；第二个参数是定位的值，在使用 By 之前需要先导入。

```
from selenium.webdriver.common.by import By
```

通过查看 WebDriver 的底层实现代码可以发现，它们其实是一回事儿。例如，id 定位方法的实现。

```
def find_element_by_id(self, id_):
    """Finds an element by id.
    :Args:
     - id\_ - The id of the element to be found.
    :Returns:
     - WebElement - the element if it was found
    :Raises:
     - NoSuchElementException - if the element wasn't found
    :Usage:
    element = driver.find_element_by_id('foo')
    """
```

```
        return self.find_element(by=By.ID, value=id_)
```

对于 Web 自动化来说,学会元素的定位相当于自动化已经学会了一半,剩下的就是学会使用 WebDriver 中提供的各种方法,接下来我们将通过实例介绍这些方法的具体使用。

4.2 控制浏览器

WebDriver 主要提供操作页面上各种元素的方法,同时,它还提供了操作浏览器的一些方法,如控制浏览器窗口大小、操作浏览器前进或后退等。

4.2.1 控制浏览器窗口大小

有时候我们希望浏览器能在某种尺寸下运行。例如,可以将 Web 浏览器窗口设置成移动端大小(480×800),然后访问移动站点。WebDriver 提供的 set_window_size()方法可以用来设置浏览器窗口大小。

```
from selenium import webdriver

driver = webdriver.Chrome()
driver.get("http://m.baidu.com")

#参数数字为像素
print("设置浏览器宽480、高800显示")
driver.set_window_size(480, 800)
driver.quit()
```

更多情况下,我们希望 Web 浏览器在全屏幕模式下运行,以便显示更多的元素,可以使用 maximize_window()方法实现,该方法不需要参数。

4.2.2 控制浏览器后退、前进

在使用 Web 浏览器浏览网页时,浏览器提供了后退和前进按钮,可以方便地在浏览过的网页之间切换,WebDriver 还提供了对应的 back()和 forward()方法来模拟后退和前进按钮。下面通过例子演示这两个方法的使用。

```
from selenium import webdriver

driver = webdriver.Chrome()
```

```python
# 访问百度首页
first_url = 'http://www.baidu.com'
print("now access %s" %(first_url))
driver.get(first_url)

# 访问新闻页
second_url='http://news.baidu.com'
print("now access %s" %(second_url))
driver.get(second_url)

# 返回（后退）到百度首页
print("back to %s " %(first_url))
driver.back()

# 前进到新闻页
print("forward to %s" %(second_url))
driver.forward()

driver.quit()
```

为了看清楚脚本的执行过程，这里每操作一步都通过 print() 打印当前的 URL 地址。

4.2.3 模拟浏览器刷新

有时候需要手动刷新（按"F5"键）Web 页面，可以通过 refresh() 方法实现。

```
driver.refresh()    #刷新当前页面
```

4.3 WebDriver 中的常用方法

前面我们学习了定位元素的方法，但定位只是第一步，定位之后还需要对这个元素进行操作，比如，单击（按钮）或输入（输入框）。下面就来认识 WebDriver 中常用的几个方法。

（1）clear()：清除文本。

（2）send_keys(value)：模拟按键输入。

（3）click()：单击元素。

```
from selenium import webdriver
```

```
driver = webdriver.Chrome()
driver.get("https://www.baidu.com")

driver.find_element_by_id("kw").clear()
driver.find_element_by_id("kw").send_keys("selenium")
driver.find_element_by_id("su").click()

driver.quit()
```

（4）submit()：提交表单。

例如，有些搜索框不提供搜索按钮，而是通过按键盘上的回车键完成搜索内容的提交，这时可以通过 submit() 模拟。

```
from selenium import webdriver

driver = webdriver.Chrome()
driver.get("https://www.baidu.com")

search_text = driver.find_element_by_id('kw')
search_text.send_keys('selenium')
search_text.submit()

driver.quit()
```

有时候 submit() 可以与 click() 互换使用，但 submit() 的应用范围远不及 click() 广泛。click() 可以单击任何可单击的元素，例如，按钮、复选框、单选框、下拉框文字链接和图片链接等。

（5）size：返回元素的尺寸。

（6）text：获取元素的文本。

（7）get_attribute(name)：获得属性值。

（8）is_displayed()：设置该元素是否用户可见。

```
from selenium import webdriver

driver = webdriver.Chrome()
driver.get("http://www.baidu.com")

# 获得输入框的尺寸
size = driver.find_element_by_id('kw').size
```

```
print(size)
# 返回百度页面底部备案信息
text = driver.find_element_by_id("cp").text
print(text)

# 返回元素的属性值，可以是 id、name、type 或其他任意属性
attribute = driver.find_element_by_id("kw").get_attribute('type')
print(attribute)

# 返回元素的结果是否可见，返回结果为 True 或 False
result = driver.find_element_by_id("kw").is_displayed()
print(result)

driver.quit()
```

运行结果如下。

```
{'height': 22, 'width': 500}
©2019 Baidu 使用百度前必读 意见反馈 京 ICP 证 030173 号  京公网安备 11000002000001 号
text
True
```

执行上面的程序并查看结果：size 方法用于获取百度输入框的宽、高；text 方法用于获得百度底部的备案信息；get_attribute()方法用于获得百度输入的 type 属性的值；is_displayed()方法用于返回一个元素是否可见，如果可见，则返回 True，否则返回 False。

4.4 鼠标操作

在 WebDriver 中，与鼠标操作相关的方法都封装在 ActionChains 类中。

ActionChains 类提供了鼠标操作的常用方法：

- perform()：执行 ActionChains 类中存储的所有行为。
- context_click()：右击。
- double_click()：双击。
- drag_and_drop()：拖动。
- move_to_element()：鼠标悬停。

鼠标悬停操作

ActionChains 类提供的鼠标操作方法与 click() 方法不同。百度中的"设置"悬停菜单如图 4-3 所示。

图 4-3　百度中的"设置"悬停菜单

```
from selenium import webdriver
# 引入 ActionChains 类
from selenium.webdriver import ActionChains

driver = webdriver.Chrome()
driver.get("https://www.baidu.cn")

# 定位到要悬停的元素
above = driver.find_element_by_link_text("设置")
# 对定位到的元素执行鼠标悬停操作
ActionChains(driver).move_to_element(above).perform()

# ……
```

from selenium.webdriver import ActionChains

导入 ActionChains 类。

ActionChains(driver)

调用 ActionChains 类,把浏览器驱动 driver 作为参数传入。

move_to_element(above)

move_to_element() 方法用于模拟鼠标移动到元素上,在调用时需要指定元素。

perform()

提交所有 ActionChains 类中存储的行为。

4.5 键盘操作

前面介绍过，send_keys()方法可以用来模拟键盘输入，我们还可以用它来输入键盘上的按键，甚至是组合键，如 Ctrl+a、Ctrl+c 等。

```
from selenium import webdriver
# 调用 Keys 模块
from selenium.webdriver.common.keys import Keys

driver = webdriver.Chrome()
driver.get("http://www.baidu.com")

# 在输入框输入内容
driver.find_element_by_id("kw").send_keys("selenium")

# 删除多输入的一个 m
driver.find_element_by_id("kw").send_keys(Keys.BACK_SPACE)

# 输入空格键+"教程"
driver.find_element_by_id("kw").send_keys(Keys.SPACE)
driver.find_element_by_id("kw").send_keys("教程")

# 输入组合键 Ctrl+a，全选输入框内容
driver.find_element_by_id("kw").send_keys(Keys.CONTROL, 'a')

# 输入组合键 Ctrl+x，剪切输入框内容
driver.find_element_by_id("kw").send_keys(Keys.CONTROL, 'x')

# 输入组合键 Ctrl+v，粘贴内容到输入框
driver.find_element_by_id("kw").send_keys(Keys.CONTROL, 'v')

# 用回车键代替单击操作
driver.find_element_by_id("su").send_keys(Keys.ENTER)

driver.quit()
```

上面的脚本没有什么实际意义，仅向我们展示模拟键盘各种按键与组合键的用法。

from selenium.webdriver.common.keys import Keys

在使用键盘按键方法前需要先导入 Keys 类。

以下为常用的键盘操作。

- send_keys(Keys.BACK_SPACE)：删除键（BackSpace）
- send_keys(Keys.SPACE)：空格键（Space）
- send_keys(Keys.TAB)：制表键（Tab）
- send_keys(Keys.ESCAPE)：回退键（Esc）
- send_keys(Keys.ENTER)：回车键（Enter）
- send_keys(Keys.CONTROL,'a')：全选（Ctrl+a）
- send_keys(Keys.CONTROL,'c')：复制（Ctrl+c）
- send_keys(Keys.CONTROL,'x')：剪切（Ctrl+x）
- send_keys(Keys.CONTROL,'v')：粘贴（Ctrl+v）
- send_keys(Keys.F1)：键盘 F1

  ……
- send_keys(Keys.F12)：键盘 F12

4.6 获得验证信息

在进行 Web 自动化测试中，用得最多的几种验证信息是 title、current_url 和 text。

- title：用于获取当前页面的标题。
- current_url：用于获取当前页面的 URL。
- text：用于获取当前页面的文本信息。

下面仍以百度搜索为例，对比搜索前后的信息。

```
from time import sleep
from selenium import webdriver

driver = webdriver.Chrome()
driver.get("https://www.baidu.com")
print('Before search=================')

# 打印当前页面 title
title = driver.title
print("title:"+ title)

# 打印当前页面 URL
now_url = driver.current_url
```

```
print("URL:"+now_url)

driver.find_element_by_id("kw").send_keys("selenium")
driver.find_element_by_id("su").click()
sleep(2)

print('After search================')

# 再次打印当前页面 title
title = driver.title
print("title:"+title)

# 再次打印当前页面 URL
now_url = driver.current_url
print("URL:"+now_url)

# 获取搜索结果条数
num = driver.find_element_by_class_name('nums').text
print("result:"+num)

driver.quit()
```

运行结果如下。

```
Before search================
title:百度一下，你就知道
URL:https://www.baidu.com/
After search================
title:selenium_百度搜索
URL:https://www.baidu.com/s?ie=utf-8&f=8&rsv_bp=0&rsv_idx=1&tn=baidu&wd=sel
enium&rsv_pq=b2a0747b000562e3&rsv_t=4768STDxLxXJ6Um5MMxAyGCNkgLVEARJ33SAZKh
dYk9LBtEOc65VM7vjKu8&rqlang=cn&rsv_enter=0&rsv_sug3=8&inputT=129&rsv_sug4=1
30
result:搜索工具
百度为您找到相关结果约 7,850,000 个
```

通过上面的打印信息可以看出搜索前后的差异，这些差异信息可以拿来作为自动化测试的断言点。

4.7 设置元素等待

WebDriver 提供了两种类型的元素等待：显式等待和隐式等待。

4.7.1 显式等待

显式等待是 WebDriver 等待某个条件成立则继续执行，否则在达到最大时长时抛出超时异常（TimeoutException）。

```python
from selenium import webdriver
from selenium.webdriver.common.by import By
from selenium.webdriver.support.ui import WebDriverWait
from selenium.webdriver.support import expected_conditions as EC

driver = webdriver.Chrome()
driver.get("http://www.baidu.com")

element = WebDriverWait(driver, 5, 0.5).until(
    EC.visibility_of_element_located((By.ID, "kw"))
    )
element.send_keys('selenium')
driver.quit()
```

WebDriverWait 类是 WebDriver 提供的等待方法。在设置时间内，默认每隔一段时间检测一次当前页面元素是否存在，如果超过设置时间仍检测不到，则抛出异常。具体格式如下。

```
WebDriverWait(driver, timeout, poll_frequency=0.5, ignored_exceptions=None)
```

- driver：浏览器驱动。
- timeout：最长超时时间，默认以秒为单位。
- poll_frequency：检测的间隔（步长）时间，默认为 0.5s。
- ignored_exceptions：超时后的异常信息，默认情况下抛出 NoSuchElementException 异常。

WebDriverWait()一般与 until()或 until_not()方法配合使用，下面是 until()和 until_not() 方法的说明。

```
until(method, message='')
```

调用该方法提供的驱动程序作为一个参数，直到返回值为 True。

```
until_not(method, message='')
```

调用该方法提供的驱动程序作为一个参数，直到返回值为 False。

在本例中，通过 as 关键字将 expected_conditions 重命名为 EC，并调用 EC.visibility_of_ element_located()方法判断元素是否存在。

expected_conditions 类提供的预期条件判断方法如表 4-2 所示。

表 4-2 expected_conditions 类提供的预期条件判断方法

方 法	说 明
title_is	判断当前页面的标题是否等于预期
title_contains	判断当前页面的标题是否包含预期字符串
presence_of_element_located	判断元素是否被加在 DOM 树里,并不代表该元素一定可见
visibility_of_element_located	判断元素是否可见(可见代表元素非隐藏,并且元素的宽和高都不等于 0)
visibility_of	与上一个方法作用相同,上一个方法的参数为定位,该方法接收的参数为定位后的元素
presence_of_all_elements_located	判断是否至少有一个元素存在于 DOM 树中。例如,在页面中有 n 个元素的 class 为 "wp",那么只要有一个元素存在于 DOM 树中就返回 True
text_to_be_present_in_element	判断某个元素中的 text 是否包含预期的字符串
text_to_be_present_in_element_value	判断某个元素的 value 属性是否包含预期的字符串
frame_to_be_available_and_switch_to_it	判断该表单是否可以切换进去,如果可以,返回 True 并且切换进去,否则返回 False
invisibility_of_element_located	判断某个元素是否不在 DOM 树中或不可见
element_to_be_clickable	判断某个元素是否可见并且是可以点击的
staleness_of	等到一个元素从 DOM 树中移除
element_to_be_selected	判断某个元素是否被选中,一般用在下拉列表中
element_selection_state_to_be	判断某个元素的选中状态是否符合预期
element_located_selection_state_to_be	与上一个方法作用相同,只是上一个方法参数为定位后的元素,该方法接收的参数为定位
alert_is_present	判断页面上是否存在 alert

除 expected_conditions 类提供的丰富的预期条件判断方法外,还可以利用前面学过的 is_displayed()方法自己实现元素显示等待。

```
from time import sleep, ctime
from selenium import webdriver

driver = webdriver.Chrome()
driver.get("http://www.baidu.com")

print(ctime())
```

```python
for i in range(10):
    try:
        el = driver.find_element_by_id("kw22")
        if el.is_displayed():
            break
    except:
        pass
    sleep(1)
else:
    print("time out")
print(ctime())

driver.quit()
```

相对来说，这种方式更容易理解。首先 for 循环 10 次，然后通过 is_displayed()方法循环判断元素是否可见。如果为 True，则说明元素可见，执行 break 跳出循环；否则执行 sleep()休眠 1s 后继续循环判断。10 次循环结束后，如果没有执行 break，则执行 for 循环对应的 else 语句，打印"time out"信息。

这里故意将 id 定位设置为"kw22"，定位失败，执行结果如下。

```
Sat Feb 16 21:20:37 2019
time out
Sat Feb 16 21:20:48 2019
```

4.7.2 隐式等待

WebDriver 提供的 implicitly_wait()方法可用来实现隐式等待，用法相对来说要简单得多。

```python
from time import ctime
from selenium import webdriver
from selenium.common.exceptions import NoSuchElementException

driver = webdriver.Firefox()

# 设置隐式等待为 10s
driver.implicitly_wait(10)
driver.get("http://www.baidu.com")

try:
    print(ctime())
    driver.find_element_by_id("kw22").send_keys('selenium')
```

```
except NoSuchElementException as e:
    print(e)
finally:
    print(ctime())
    driver.quit()
```

implicitly_wait()的参数是时间，单位为秒，本例中设置的等待时间为 10s。首先，这 10s 并非一个固定的等待时间，它并不影响脚本的执行速度。其次，它会等待页面上的所有元素。当脚本执行到某个元素定位时，如果元素存在，则继续执行；如果定位不到元素，则它将以轮询的方式不断地判断元素是否存在。假设在第 6s 定位到了元素，则继续执行，若直到超出设置时间（10s）还没有定位到元素，则抛出异常。

这里同样故意将 id 定位设置为"kw22"，定位失败，执行结果如下。

```
Sat Feb 16 21:25:21 2019
Message: Unable to locate element: [id="kw22"]
Sat Feb 16 21:25:31 2019
```

4.8　定位一组元素

WebDriver 还提供了 8 种用于定位一组元素的方法。

```
find_elements_by_id()
find_elements_by_name()
find_elements_by_class_name()
find_elements_by_tag_name()
find_elements_by_link_text()
find_elements_by_partial_link_text()
find_elements_by_xpath()
find_elements_by_css_selector()
```

定位一组元素的方法与定位单个元素的方法非常像，唯一的区别是单词"element"后面多了一个"s"，用来表示复数。

```
from time import sleep
from selenium import webdriver

driver = webdriver.Chrome()
driver.get("https://www.baidu.cn")

driver.find_element_by_id("kw").send_keys("selenium")
```

```
driver.find_element_by_id("su").click()
sleep(2)

# 定位一组元素
texts = driver.find_elements_by_xpath("//div[@tpl='se_com_default']/h3/a")

# 计算匹配结果个数
print(len(texts))

# 循环遍历出每一条搜索结果的标题
for t in texts:
    print(t.text)

driver.quit()
```

运行结果如下:

```
10
Selenium - Web Browser Automation
Selenium - Web Browser Automation
官网
功能自动化测试工具——Selenium篇
Selenium(浏览器自动化测试框架)_百度百科
python爬虫从入门到放弃(八)之 Selenium库的使用 - python..._博客园
selenium 3.10.0 : Python Package Index
selenium中文网 - selenium安装、selenium使用、selenium中文、...
Selenium Documentation — Selenium Documentation
selenium - 随笔分类 - 虫师 - 博客园
```

4.9 多表单切换

在 Web 应用中经常会遇到 frame/iframe 表单嵌套页面的应用,WebDriver 只能在一个页面上对元素进行识别和定位,无法直接定位 frame/iframe 表单内嵌页面上的元素,这时就需要通过 switch_to.frame()方法将当前定位的主体切换为 frame/iframe 表单的内嵌页面。

这里以 126 邮箱登录为例,登录框结构如下。

```
<html>
  <body>
...
  <iframe id="x-URS-iframe1553484417298.5217" ...>
```

```
<html>
 <body>
  ...
   <input name="email" >
```

通过 switch_to.frame()方法切换表单。

```
from time import sleep
from selenium import webdriver

driver = webdriver.Chrome()
driver.get("http://www.126.com")
sleep(2)

login_frame = 
driver.find_element_by_css_selector('iframe[id^="x-URS-iframe"]')
driver.switch_to.frame(login_frame)
driver.find_element_by_name("email").send_keys("username")
driver.find_element_by_name("password").send_keys("password")
driver.find_element_by_id("dologin").click()
driver.switch_to.default_content()

driver.quit()
```

switch_to.frame() 默认可以直接对表单的 id 属性或 name 属性传参，因而可以定位元素的对象。在这个例子中，表单的 id 属性后半部分的数字（1553484417298.5217）是随机变化的，在 CSS 定位方法中，可以通过 "^=" 匹配 id 属性为以 "x-URS-iframe" 开头的元素。

最后，通过 switch_to.default_content()回到最外层的页面。

4.10 多窗口切换

在页面操作过程中，有时单击某个链接会弹出新的窗口，这时就需要切换到新打开的窗口中进行操作。WebDriver 提供的 switch_to.window()方法可以实现在不同的窗口间切换。

- current_window_handle：获得当前窗口句柄。
- window_handles：返回所有窗口的句柄到当前会话。
- switch_to.window()：切换到相应的窗口。

以百度首页和账号注册页为例，在两个窗口之间的切换如图4-4所示。

图4-4　在两个窗口之间的切换

```
import time
from selenium import webdriver

driver = webdriver.Chrome()
driver.implicitly_wait(10)
driver.get("http://www.baidu.com")

# 获得百度搜索窗口句柄
search_windows = driver.current_window_handle

driver.find_element_by_link_text('登录').click()
driver.find_element_by_link_text("立即注册").click()

# 获得当前所有打开的窗口句柄
all_handles = driver.window_handles

# 进入注册窗口
for handle in all_handles:
    if handle != search_windows:
        driver.switch_to.window(handle)
        print(driver.title)
        driver.find_element_by_name("userName").send_keys('username')
        driver.find_element_by_name('phone').send_keys('138xxxxxxx')
```

```
        time.sleep(2)
        # ……
        # 关闭当前窗口
        driver.close()

# 回到搜索窗口
driver.switch_to.window(search_windows)
print(driver.title)

driver.quit()
```

脚本的执行过程：首先打开百度首页，通过 current_window_handle 获得当前窗口句柄，并赋值给变量 search_handle。接着打开登录弹窗，在登录弹窗上单击"立即注册"链接，从而打开新的注册窗口。通过 window_handles 获得当前所有窗口句柄（包含百度首页和账号注册页），并赋值给变量 all_handles。

循环遍历 all_handles，如果 handle 不等于 search_handle，那么一定是注册窗口，因为在脚本执行过程中只打开了两个窗口。然后，通过 switch_to.window() 切换到账号注册页。

4.11 警告框处理

在 WebDriver 中处理 JavaScript 生成的 alert、confirm 和 prompt 十分简单，具体做法是，首先使用 switch_to.alert() 方法定位，然后使用 text、accept、dismiss、send_keys 等进行操作。

- text：返回 alert、confirm、prompt 中的文字信息。
- accept()：接受现有警告框。
- dismiss()：解散现有警告框。
- send_keys()：在警告框中输入文本（如果可以输入的话）。

可以使用 switch_to.alert() 方法为百度搜索设置弹窗，如图 4-5 所示。

图 4-5 为百度搜索设置弹窗

```
from time import sleep
from selenium import webdriver

driver = webdriver.Chrome()
driver.get('https://www.baidu.com')

# 打开搜索设置
link = driver.find_element_by_link_text('设置').click()
driver.find_element_by_link_text("搜索设置").click()
sleep(2)

# 保存设置
driver.find_element_by_class_name("prefpanelgo").click()

# 获取警告框
alert = driver.switch_to.alert

# 获取警告框提示信息
alert_text = alert.text
print(alert_text)

# 接取警告框
alert.accept()

driver.quit()
```

这里以百度搜索设置为例,打开百度搜索设置,设置完成后单击"保存设置"按钮,弹出保存确认警告框。通过 switch_to.alert 方法获取当前页面上的警告框，text 用于获取警告框提示信息，accept()用于接受警告框。

4.12 下拉框处理

下拉框是 Web 页面常见功能之一，WebDriver 提供了 Select 类来处理下拉框。

- Select 类：用于定位<select>标签。
- select_by_value()：通过 value 值定位下拉选项。
- select_by_visible_text()：通过 text 值定位下拉选项。
- select_by_index()：根据下拉选项的索引进行选择。第一个选项为 0，第二个选项为 1。

以百度搜索设置为例，下拉框代码如下。

```
<select name="NR" id="nr">
  <option value="10" selected="">每页显示 10 条</option>
  <option value="20">每页显示 20 条</option>
  <option value="50">每页显示 50 条</option>
</select>
```

通过 WebDriver 代码操作下拉框。

```python
from time import sleep
from selenium import webdriver
from selenium.webdriver.support.select import Select

driver = webdriver.Chrome()
driver.get('https://www.baidu.com')

# 打开搜索设置
link = driver.find_element_by_link_text('设置').click()
driver.find_element_by_link_text("搜索设置").click()
sleep(2)

# 搜索结果显示条数
sel = driver.find_element_by_xpath("//select[@id='nr']")

# value="20"
Select(sel).select_by_value('20')
```

```
sleep(2)

# <option>每页显示 50 条</option>
Select(sel).select_by_visible_text("每页显示 50 条")
sleep(2)

# 根据下拉选项的索引进行选择
Select(sel).select_by_index(0)
sleep(2)

driver.quit()
```

4.13　上传文件

上传文件是比较常见的 Web 功能之一，但 WebDriver 并没有提供专门用于上传的方法，实现文件上传的关键在于思路。

在 Web 页面中，文件上传操作一般需要单击"上传"按钮后打开本地 Windows 窗口，从窗口中选择本地文件进行上传。因为 WebDriver 无法操作 Windows 控件，所以对于初学者来说，一般思路会卡在如何识别 Windows 控件这个问题上。

在 Web 页面中一般通过以下两种方式实现文件上传。

- 普通上传：将本地文件路径作为一个值放在 input 标签中，通过 form 表单将这个值提交给服务器。
- 插件上传：一般是指基于 Flash、JavaScript 或 Ajax 等技术实现的上传功能。

对于通过 input 标签实现的上传功能，可以将其看作一个输入框，即通过 send_keys() 指定本地文件路径的方式实现文件上传。

```html
<html>
<head>
  <meta charset="utf-8">
  <title>上传表单</title>
  <link href="https://cdn.bootcss.com/bootstrap/3.3.7/css/bootstrap.min.css" rel="stylesheet" >
  <script src="https://cdn.bootcss.com/bootstrap/3.3.7/js/bootstrap.min.js">
  </script>
</head>
```

```
<body>
  <div class="jumbotron">
    <form class="form-inline" role="form">
      <div class="form-group">
        <label class="sr-only" for="name">名称</label>
        <input type="text" class="form-control" id="name"
            placeholder="请输入名称">
      </div>
      <div class="form-group">
        <label class="sr-only" for="inputfile">文件输入</label>
        <input type="file" id="inputfile">
      </div>
      <button type="submit" class="btn btn-default">提交</button>
    </form>
  </div>
</body>
</html>
```

通过浏览器打开 upfile.html 文件，效果如图 4-6 所示。

图 4-6　通过浏览器打开 upfile.html 文件

```
import os
from selenium import webdriver

file_path = os.path.abspath('./files/')

driver = webdriver.Chrome()
upload_page = 'file:///' + file_path + 'upfile.html'
driver.get(upload_page)

# 定位上传按钮，添加本地文件
driver.find_element_by_id("file").send_keys(file_path + 'test.txt')
# ……
```

这里测试的页面（upfile.html）和上传的文件（test.txt）位于与当前程序同目录的 files/ 目录下。

通过这种方式上传，就避免了操作 Windows 控件。如果能找到上传的 input 标签，那么基本可以通过 send_keys()方法输入一个本地文件路径实现上传。

对于插件上传，我们可以使用 AutoIt 来实现，由于超出本书范围，这里不再介绍。

4.14 下载文件

WebDriver 允许我们设置默认的文件下载路径，也就是说，文件会自动下载并且存放到设置的目录中，不同的浏览器设置方式不同。

下面以 Firefox 浏览器为例，演示文件的下载。

```
import os
from selenium import webdriver

fp = webdriver.FirefoxProfile()

fp.set_preference("browser.download.folderList", 2)
fp.set_preference("browser.download.dir", os.getcwd())
fp.set_preference("browser.helperApps.neverAsk.saveToDisk",
                  "binary/octet-stream")

driver = webdriver.Firefox(firefox_profile=fp)
driver.get("https://pypi.org/project/selenium/#files")
driver.find_element_by_partial_link_text("selenium-3.141.0.tar.gz").click()
```

为了能在 Firefox 浏览器中实现文件的下载，我们需要通过 FirefoxProfile()对其做一些设置。

`browser.download.folderList`

设置为 0，表示文件会下载到浏览器默认的下载路径；设置为 2，表示文件会下载到指定目录。

`browser.download.dir`

用于指定下载文件的目录。通过 os.getcwd()方法获取当前文件的所在位置，即下载文件保存的目录。

`browser.helperApps.neverAsk.saveToDisk`

指定要下载文件的类型，即 Content-type 值，"binary/octet-stream"用于表示二进制文件。

HTTP Content-type 常用对照表参见 http://tool.oschina.net/commons。

可以通过在 Firefox 浏览器地址栏输入"about:config"进行参数的设置，如图 4-7 所示。

在调用 WebDriver 的 Firefox 类时将所有设置选项作为 firefox_profile 参数传递给 Firefox 浏览器。Firefox 浏览器在下载时会根据这些设置将文件下载到当前脚本目录下。

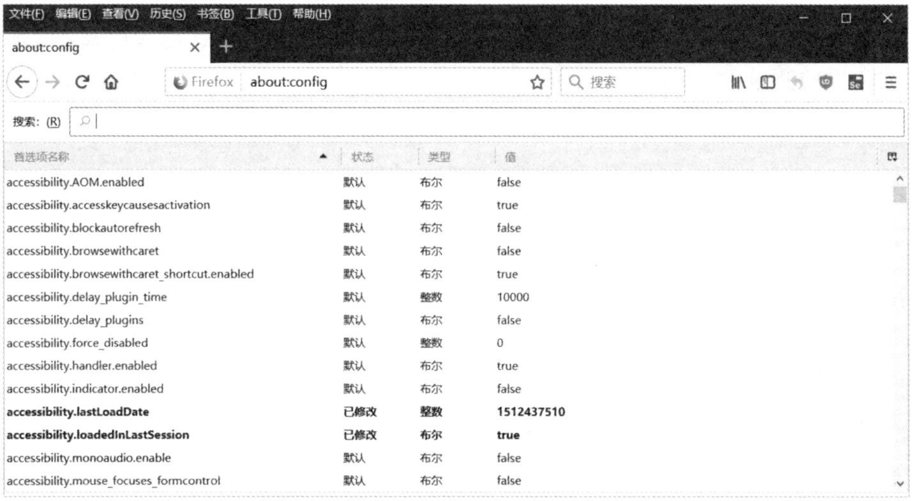

图 4-7　Firefox 参数设置

下面以 Chrome 浏览器为例，演示文件的下载。

```
import os
from selenium import webdriver

options = webdriver.ChromeOptions()
prefs = {'profile.default_content_settings.popups': 0,
        'download.default_directory': os.getcwd()}
options.add_experimental_option('prefs', prefs)

driver = webdriver.Chrome(chrome_options=options)
driver.get("https://pypi.org/project/selenium/#files")
driver.find_element_by_partial_link_text("selenium-3.141.0.tar.gz").click()
```

Chrome 浏览器在下载时默认不会弹出下载窗口，这里主要想修改默认的下载路径。

```
profile.default_content_settings.popups
```

设置为 0，表示禁止弹出下载窗口。

```
download.default_directory
```

设置文件下载路径，使用 os.getcwd()方法获取当前脚本的目录作为下载文件的保存位置。

4.15 操作 Cookie

有时我们需要验证浏览器中的 Cookie 是否正确，因为基于真实的 Cookie 是无法通过白盒测试和集成测试的。WebDriver 提供了操作 Cookie 的相关方法，可以读取、添加和删除 Cookie。

WebDriver 操作 Cookie 的方法如下。

- get_cookies():   获得所有 Cookie。
- get_cookie(name):   返回字典中 key 为"name"的 Cookie。
- add_cookie(cookie_dict):   添加 Cookie。
- delete_cookie(name,optionsString): 删除名为 OpenString 的 Cookie。
- delete_all_cookies():   删除所有 Cookie。

下面通过 get_cookies()获取当前浏览器的所有 Cookie。

```
from selenium import webdriver

driver = webdriver.Chrome()
driver.get("http://www.baidu.com")

# 获得所有Cookie信息并打印
cookie = driver.get_cookies()
print(cookie)
```

执行结果如下。

```
[{'domain': '.baidu.com', 'httpOnly': False, 'name': 'H_PS_PSSID', 'path': '/',
'secure': False, 'value': '1448_21108_20927'}, {'domain': '.baidu.com',
'expiry': 3671290449.561618, 'httpOnly': False, 'name': 'BAIDUID', 'path': '/',
'secure': False, 'value': '8BDB5AE6652A48387400A869B697BCAC:FG=1'}, {'domain':
'.baidu.com', 'expiry': 3671290449.561673, 'httpOnly': False, 'name': 'PSTM',
'path': '/', 'secure': False, 'value': '1523806801'}, {'domain': '.baidu.com',
```

```
'expiry': 3671290449.561655, 'httpOnly': False, 'name': 'BIDUPSID', 'path': '/',
'secure': False, 'value': '8BDB5AE6652A48387400A869B697BCAC'}, {'domain':
'www.baidu.com', 'httpOnly': False, 'name': 'BD_HOME', 'path': '/', 'secure':
False, 'value': '0'}, {'domain': '.baidu.com', 'expiry': 1523893203.591349,
'httpOnly': False, 'name': 'BDORZ', 'path': '/', 'secure': False, 'value':
'B490B5EBF6F3CD402E515D22BCDA1598'}, {'domain': 'www.baidu.com', 'expiry':
1524670803, 'httpOnly': False, 'name': 'BD_UPN', 'path': '/', 'secure': False,
'value': '12314753'}]
```

从执行结果可以看出，Cookie 中的数据是以字典形式存放的。知道了 Cookie 中数据的存放形式后，即可按照这种形式向浏览器中添加 Cookie。

```
# 添加 Cookie 信息
driver.add_cookie({'name': 'key-aaaaaaa', 'value': 'value-bbbbbb'})

# 遍历指定的 Cookies
for cookie in driver.get_cookies():
    print("%s -> %s" % (cookie['name'], cookie['value']))
```

执行结果如下：

```
...
BIDUPSID -> BC64B19DC06B195C21B68A27F5A1E6F4
BD_HOME -> 0
BDORZ -> B490B5EBF6F3CD402E515D22BCDA1598
BD_UPN -> 12314753
key-aaaaaaa -> value-bbbbbb
```

从执行结果可以看出，最后一条 Cookie 是在脚本执行过程中通过 add_cookie()方法添加的。通过遍历得到所有的 Cookie，从而找到字典中 key 为 "name" 和 "value" 的 Cookie 值。

delete_cookie() 和 delete_all_cookies() 方法的使用也很简单，前者通过 name 删除一个指定的 Cookie，后者直接删除浏览器中的所有 Cookies。

4.16 调用 JavaScript

有些页面操作不能依靠 WebDriver 提供的 API 来实现，如浏览器滚动条的拖动。这时就需要借助 JavaScript 脚本。WebDriver 提供了 execute_script()方法来执行 JavaScript 代码。

用于调整浏览器滚动条位置的 JavaScript 代码如下：

```
<!-- window.scrollTo(左边距,上边距); -->
window.scrollTo(0,450);
```

window.scrollTo()方法用于设置浏览器窗口滚动条的水平位置和垂直位置。第一个参数表示水平的左边距，第二个参数表示垂直的上边距，代码如下。

```
from selenium import webdriver

driver = webdriver.Chrome()
driver.get("http://www.baidu.com")

driver.set_window_size(800, 600)
driver.find_element_by_id("kw").send_keys("selenium")
driver.find_element_by_id("su").click()

# 通过JavaScript设置浏览器窗口的滚动条位置
js = "window.scrollTo(100,450);"
driver.execute_script(js)
```

首先，在浏览器中打开百度，搜索"selenium"，通过 set_window_size()方法将浏览器窗口设置为固定宽、高显示，目的是让窗口出现水平和垂直滚动条。然后，通过 execute_script()方法执行 JavaScript 代码来控制浏览器滚动条的位置，如图 4-8 所示。

图 4-8　控制浏览器滚动条的位置

当然，JavaScript 的作用不仅仅体现在浏览器滚动条的操作上，它还可以在页面中的

textarca 文本框中输入内容，如图 4-9 所示。

图 4-9　在 textarea 文本框中输入内容

文本框的 HTML 代码如下。

```
<textarea id="id" style="width: 98%" cols="50" rows="5" class="textarea">
</textarea>
```

虽然可以通过 id 定位到元素，但是不能通过 send_keys()在文本框中输入文本信息。在这种情况下，可以借助 JavaScript 代码输入文本信息。

```
text = "input text"
js = "document.getElementById('id').value='" + text + "';"
driver.execute_script(js)
```

首先，定义要输入的内容 text。然后，将 text 与 JavaScript 代码通过 "+" 进行拼接，这样做的目的是为了方便自定义输入内容。最后，通过 execute_script()执行 JavaScript 代码。

4.17　处理 HTML5 视频播放

HTML5 技术非常流行，主流的浏览器都支持 HTML5，越来越多的应用使用 HTML5 的元素，如 canvas、video 等。另外，网页存储功能提升了用户的网络体验，使得越来越多的开发者开始使用 HTML5。

WebDriver 支持在指定的浏览器上测试 HTML5，另外，还可以使用 JavaScript 测试这些功能，这样就可以在任意浏览器上测试 HTML5 了。

大多数浏览器使用插件（如 Flash）播放视频，但是，不同的浏览器需要使用不同的插件。HTML5 定义了一个新的元素<video>，指定了一个标准的方式嵌入电影片段。HTML5 Video Player 如图 4-10 所示，IE9+、Firefox、Opera、Chrome 都支持元素<video>。

图 4-10　HTML5 Video Player

下面介绍如何自动化测试<video>，<video>提供了 JavaScript 接口和多种方法及属性。

```
from time import sleep
from selenium import webdriver

driver = webdriver.Chrome()
driver.get("http://videojs.com/")

video = driver.find_element_by_id("preview-player_html5_api")

# 返回播放文件地址
url = driver.execute_script("return arguments[0].currentSrc;", video)
print(url)

# 播放视频
print("start")
driver.execute_script("arguments[0].play()", video)

# 播放 15s
sleep(15)

# 暂停视频
print("stop")
driver.execute_script("arguments[0].pause()", video)
```

```
driver.quit()
```

JavaScript 有个内置的对象叫作 arguments。arguments 包含了函数调用的参数数组,[0] 表示取对象的第 1 个值。

currentSrc 返回当前音频/视频的 URL。如果未设置音频/视频,则返回空字符串。

load()、play()和 pause() 控制视频的加载、播放和暂停。

4.18 滑动解锁

滑动解锁是目前比较流行的解锁方式,如图 4-11 所示。

图 4-11 滑动解锁

当我们单击滑块时,改变的只是 CSS 样式,HTML 代码段如下。

```
<div class="slide-to-unlock-progress" style="background-color: rgb(255, 233,
127); height: 36px; width: 0px;">
</div>
<div class="slide-to-unlock-handle" style="background-color: rgb(255, 255,
255); height: 38px; line-height: 38px; width: 37px; left: 0px;">
</div>
```

slide-to-unlock-handle 表示滑块。在滑动过程中,滑块的左边距会逐渐变大,因为它在向右移动。

slide-to-unlock-progress 表示滑过之后的背景色，背景色的区域会逐渐增加，因为滑块在向右移动。

```
from time import sleep
from selenium import webdriver
from selenium.webdriver import ActionChains
from selenium.common.exceptions import UnexpectedAlertPresentException

driver = webdriver.Chrome()
driver.get("https://www.helloweba.com/demo/2017/unlock/")

# 定位滑动块
slider = driver.find_elements_by_class_name("slide-to-unlock-handle")[0]
action = ActionChains(driver)

for index in range(200):
    try:
        action.move_by_offset(2, 0).perform()
    except UnexpectedAlertPresentException:
        break
    action.reset_actions()
    sleep(0.1)   # 等待停顿时间


# 打印警告框提示
success_text = driver.switch_to.alert.text
print(success_text)
```

在这个脚本中，用到下面几个方法。

- click_and_hold()：单击并按下鼠标左键，在鼠标事件中介绍过。
- move_by_offset()：移动鼠标，第一个参数为 x 坐标距离，第二个参数为 y 坐标距离。
- reset_action()：重置 action。

执行完成，滑动效果如图 4-12 所示。

图 4-12　滑动效果

接下来，再看另外一种应用，上下滑动选择日期，如图 4-13 所示。

图 4-13　上下滑动选择日期

参考前面的操作，通过 ActionChains 类可以实现上下滑动选择日期，但是这里要介绍另外一种方法，即通过 TouchActions 类实现上下滑动选择日期。

```
from time import sleep
from selenium import webdriver


driver = webdriver.Chrome()
driver.get("http://www.jq22.com/yanshi4976")
sleep(2)
driver.switch_to.frame("iframe")
```

```
driver.find_element_by_id("appDate").click()

# 定位要滑动的年、月、日
dwwos = driver.find_elements_by_class_name("dwwo")
year = dwwos[0]
month = dwwos[1]
day = dwwos[2]

action = webdriver.TouchActions(driver)
action.scroll_from_element(year, 0, 5).perform()
action.scroll_from_element(month, 0, 30).perform()
action.scroll_from_element(day, 0, 30).perform()
# ……
```

这里使用 TouchActions 类中的 scroll_from_element()方法滑动元素,参数如下。

- on_element:滑动的元素。
- xoffset:x 坐标距离。
- yoffset:y 坐标距离。

4.19 窗口截图

自动化测试用例是由程序执行的,因此有时候打印的错误信息不够直观。如果在脚本执行出错时能够对当前窗口进行截图并保存,那么通过截图就可以非常直观地看到脚本出错的原因。WebDriver 提供了截图函数 save_screenshot (),可用来截取当前窗口。

```
from selenium import webdriver

driver = webdriver.Chrome()
driver.get('http://www.baidu.com')

# 截取当前窗口,指定截图图片的保存位置
driver.save_screenshot("./files/baidu_img.png")
```

WebDriver 建议使用 png 作为图片的后缀名。脚本运行完成后,会在当前 files/目录中生成 baidu_img.png 图片。

4.20　关闭窗口

在前面的例子中一直使用 quit()方法，其含义为退出相关的驱动程序和关闭所有窗口。除此之外，WebDriver 还提供了 close()方法，用来关闭当前窗口。例如，在 4.10 节中会打开多个窗口，当准备关闭其中某个窗口时，可以用 close()方法。

第 5 章
自动化测试模型

在介绍自动化测试模型之前，我们先来了解库、框架和工具之间的区别。

5.1 基本概念

1. 库

库的英文单词是 Library，库是由代码集合成的一个产品，可供程序员调用。面向对象的代码组织形成的库叫类库，面向过程的代码组织形成的库叫函数库。从这个角度看，第 4 章介绍的 WebDriver 就属于库的范畴，因为它提供了一组操作 Web 页面的类与方法，所以可以称它为 Web 自动化测试库。

2. 框架

框架的英文单词是 Framework，框架是为解决一个或一类问题而开发的产品，用户一般只需使用框架提供的类或函数，即可实现全部功能。从这个角度看，unittest 框架（第 6 章）主要用于测试用例的组织和执行，以及测试结果的生成。因为它的主要任务就是帮助我们完成测试工作，所以通常称它为测试框架。

3. 工具

工具的英文单词是 Tools，工具与框架所做的事情类似，只是工具提供了更高层次的封装，屏蔽了底层的代码，提供了单独的操作界面供用户使用。例如，UFT（QTP）、Katalon 就属于自动化测试工具。

5.2 自动化测试模型

自动化测试模型可分为线性测试、模块化与类库、数据驱动测试和关键字驱动测试，下面分别介绍这几种自动化测试模型的特点。

1. 线性测试

通过录制或编写对应用程序的操作步骤会产生相应的线性脚本，每个线性脚本相对独立，且不产生依赖与调用。这是早期自动化测试的一种形式，即单纯地模拟用户完整的操作场景。第 4 章中的自动化测试例子就属于线性测试。

2. 模块化与类库

线性测试的缺点是不易维护，因此早期的自动化测试专家开始思考用新的自动化测试模型来代替线性测试。做法很简单，借鉴了编程语言中的模块化思想，把重复的操作单独封装成公共模块。在测试用例执行过程中，当需要用到模块封装时对其进行调用，这样就最大限度地消除了重复，从而提高测试用例的可维护性。

3. 数据驱动测试

虽然模块化测试很好地解决了脚本的重复问题，但是，自动化测试脚本在开发过程中还是发现了诸多不便。例如，在测试不同用户登录时，虽然登录的步骤是一样的，但是登录用的数据是不同的。模块化测试并不能解决这类问题。于是，数据驱动测试的概念被提出。

数据驱动测试的定义：数据的改变驱动自动化测试的执行，最终引起测试结果的改变。简单理解就是把数据驱动所需的测试数据参数化，我们可以用多种方式来存储和管理这些参数化的数据。

4. 关键字驱动测试

关键字驱动测试又被称为表驱动测试或基于动作字测试。这类框架会把自动化操作封装为"关键字"，避免测试人员直接接触代码，多以"填表格"的形式降低脚本的编写难度。

Robot Framework 是主流的关键字驱动测试框架之一，通过它自带的 Robot Framework

RIDE 编写的自动化测试用例如图 5-1 所示。

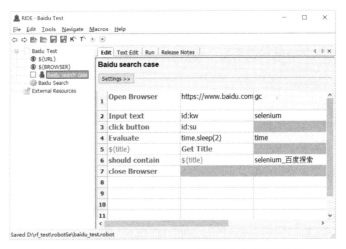

图 5-1 用 Robot Framework RIDE 编写的自动化测试用例

本节简单介绍了几种测试模型的特点。这几种测试模型并非后者淘汰前者的关系，在实际实施过程中，往往需要相互结合使用。

5.3 模块化与参数化

模块化与参数化一般需要配合使用，即在创建函数或类方法时为它们设置入参，从而使它们可以根据不同的参数执行相应的操作。

下面用一个简单的例子介绍它们的用法。创建一个邮箱测试脚本 test_mail.py。

```
from time import sleep
from selenium import webdriver

driver = webdriver.Chrome()
driver.get("http://www.126.com")

# 登录
sleep(2)
driver.switch_to.frame('x-URS-iframe')
driver.find_element_by_name("email").clear()
driver.find_element_by_name("email").send_keys("username")
driver.find_element_by_name("password").clear()
driver.find_element_by_name("password").send_keys("password")
```

```
driver.find_element_by_id("dologin").click()

# 登录之后的动作
sleep(5)

# 退出
driver.find_element_by_link_text("退出").click()

driver.quit()
```

假设要实现一个关于邮箱的自动化测试项目，那么可能每条测试用例都需要有登录动作和退出动作。大部分测试用例都是在登录之后进行的，例如，发邮件，查看、删除、搜索邮件等。此时，需要创建一个新的 module.py 文件来存放登录动作和退出动作。

```
class Mail:

    def __init__(self, driver):
        self.driver = driver

    def login(self):
        """ 登录 """
        self.driver.switch_to.frame('x-URS-iframe')
        self.driver.find_element_by_name("email").clear()
        self.driver.find_element_by_name("email").send_keys("username")
        self.driver.find_element_by_name("password").clear()
        self.driver.find_element_by_name("password").send_keys("password")
        self.driver.find_element_by_id("dologin").click()

    def logout(self):
        """ 退出 """
        self.driver.find_element_by_link_text("退出").click()
```

首先创建一个 Mail 类，在 __init__() 初始化方法中接收 driver 驱动并赋值给 self.driver。在 login() 和 logout() 方法中分别使用 self.driver 实现邮箱的登录动作和退出动作。

接下来修改 test_mail.py，测试调用 Mail 类中的 login() 和 logout() 方法。

```
from time import sleep
from selenium import webdriver
from module import Mail

driver = webdriver.Chrome()
driver.get("http://www.126.com")
```

```python
# 调用 Mail 类并接收 driver 驱动
mail = Mail(driver)

# 登录
mail.login()

# 登录之后的动作
sleep(5)

# 退出
mail.logout()

driver.quit()
```

在编写测试用例过程中,如果需要用到登录动作和退出动作,那么只需调用 Mail 类中的 login()方法和 logout()方法即可,这将大大提高测试代码的可复用性。

如果我们的需求是测试登录功能呢?虽然登录步骤是固定的,但是测试的数据(账号)不同,这时就需要把 login()方法参数化。修改 module.py 文件代码如下。

```python
#……
    def login(self, username, password):
        """ 登录 """
        self.driver.switch_to.frame('x-URS-iframe')
        self.driver.find_element_by_name("email").clear()
        self.driver.find_element_by_name("email").send_keys(username)
        self.driver.find_element_by_name("password").clear()
        self.driver.find_element_by_name("password").send_keys(password)
        self.driver.find_element_by_id("dologin").click()
```

这样就进一步提高了 login()方法的可复用性,它不再使用一个固定的账号登录,而是根据被调用者传来的用户名和密码执行登录动作。

在测试用例中,可以用不同的数据调用 login()方法。

```python
#调用 Mail 类
mail = Mail(driver)

# 登录账号为空
mail.login("", "")

# 用户名为空
mail.login("", "password")
```

```python
# 密码为空
mail.login("username", "")

# 用户名/密码错误
mail.login("error", "error")

# 管理员登录
mail.login("admin", "admin123")
#……
```

5.4 读取数据文件

虽然前面的例子中用到了参数化，但大多数测试更倾向于把测试数据放到数据文件中。下面介绍几种常见的读取数据文件的方法。

5.4.1 读取 txt 文件

txt 文件是我们经常操作的文件类型，Python 提供了以下几种读取 txt 文件的方法。

- read()：读取整个文件。
- readline()：读取一行数据。
- readlines()：读取所有行的数据。

回到前面登录的例子，现在把用户名和密码存放到 txt 文件，然后读取该 txt 文件中的数据作为测试用例的数据。创建 ./data_file/user_info.txt 文件。

```
:123
user:
error:error
admin:admin123
```

这里将用户名和密码按行写入 txt 文件中，用户名和密码之间用冒号":"隔开。创建 read_txt.py 文件，用于读取 txt 文件。

```python
# 读取文件
with(open("./data_file/user_info.txt", "r")) as user_file:
    data = user_file.readlines()

# 格式化处理
```

```
users = []
for line in data:
    user = line[:-1].split(":")
    users.append(user)

# 打印 users 二维数组
print(users)
```

运行结果如下。

```
['', '123']
['user', '']
['error', 'error']
['admin', 'admin123']
['guest', 'guest123']
```

首先通过 open()以读（"r"）的方式打开 user_info.txt 文件，readlines()可读取文件中的所有行并赋值给变量 data。

接下来循环 data 中的每一行数据，[:-1] 可对字符串进行切片，以省略最后一个字符，因为读取的每一行数据结尾都有一个换行符 "\n"。split()通过冒号（:）对每行数据进行拆分，会得到数组['', '123']。

最后使用 append()把每一组用户名和密码追加到 users 数组中。

取 users 数组中的数据，将得到的数组用不同的用户名/密码进行登录，代码如下。

```
# 调用 Mail 类
mail = Mail(driver)

# 用户名为空
mail.login(users[0][0], users[0][1])

# 密码为空
mail.login(users[1][0], users[1][1])

# 用户名/密码错误
mail.login(users[2][0], users[2][1])

# 管理员登录 admin
mail.login(users[3][0], users[3][1])
...
```

5.4.2 读取 CSV 文件

CSV 文件可用来存放固定字段的数据，下面我们把用户名、密码和断言保存到 CSV 文件中，如图 5-2 所示。

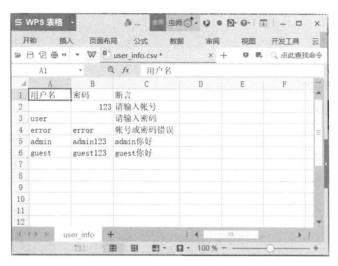

图 5-2　把用户名密码和断言保存到 CSV 文件中

注意：可以把 WPS 表格或 Excel 表格通过文件"另存为"保存为 CSV 类型的文件，但不要直接修改文件的后缀名来创建 CSV 文件，因为这样的文件并非真正的 CSV 类型的文件。

下面编写 read_csv.py 文件进行循环读取。

```
import csv
import codecs
from itertools import islice

# 读取本地 CSV 文件
data = csv.reader(codecs.open('./data_file/user_info.csv', 'r', 'utf_8_sig'))

# 存放用户数据
users = []

# 循环输出每行信息
for line in islice(data, 1, None):
    users.append(line)
```

```
# 打印
print(users)
```

运行结果如下。

```
[['', '123', '请输入账号'],
['user', '', '请输入密码'],
['error', 'error', '账号错误'],
['admin', 'admin123', 'admin 你好'],
['guest', 'guest123', 'guest 你好']]
```

通过 Python 读取 CSV 文件比较简单，但会遇到两个问题。

（1）中文乱码问题。在数据文件中我们不可避免地会使用中文，codecs 是 Python 标准的模块编码和解码器。首先，通过 codecs 提供的 open()方法，在打开文件时可以指定编码类型，如 utf_8_sig；然后，导入 csv 模块，通过 reader()方法读取文件，即避免中文乱码问题。

（2）跳过 CSV 文件的第一行。因为我们一般会在第一行定义测试字段名，所以在读取数据时需要跳过。Python 的内建模块 itertools 提供了用于操作迭代对象的函数，即 islice() 函数，它可以返回一个迭代器第一个参数指定迭代对象，第二个参数指定开始迭代的位置，第三个参数表示结束位。

5.4.3 读取 XML 文件

有时我们需要读取的数据是不规则的。例如，我们需要用一个配置文件来配置当前自动化测试平台、浏览器、URL、登录的用户名和密码等，这时就可以使用 XML 文件来存放这些测试数据。

创建 config.xml 文件，代码如下。

```
<?xml version="1.0" encoding="utf-8"?>
<info>
    <platforms>
        <platform>Windows</platform>
        <platform>Linux</platform>
        <platform>macOS</platform>
    <platforms>
    <browsers>
        <browser>Firefox</browser>
        <browser>Chrome</browser>
        <browser>Edge</browser>
```

```
    </browsers>
    <url>http://www.xxxx.com</url>
        <login username="admin" password="123456"/>
        <login username="guest" password="654321"/>
</info>
```

通过代码可以看出，数据主要存放在标签对之间，如<platform>Windows</platform>。或者是作为标签的属性存放，如<login username="admin" password="123456"/>。

下面以 config.xml 文件为例，介绍读取 XML 文件的方法。

1. 获得标签对之间的数据

```
from xml.dom.minidom import parse

# 打开 XML 文件
dom = parse('./data_file/config.xml')

# 得到文档元素对象
root = dom.documentElement

# 获取(一组)标签
tag_name = root.getElementsByTagName('platform')

print(tag_name[0].firstChild.data)
print(tag_name[1].firstChild.data)
print(tag_name[2].firstChild.data)
```

运行结果如下。

```
Windows
Linux
macOS
```

Python 自带读取 XML 文件的模块，通过 parse() 方法可读取 XML 文件。documentElement() 方法用于获取文档元素对象，getElementsByTagName() 方法用于获取文件中的标签。我们不需要指定标签的层级关系，即获取的标签可以是任意层级的，之所以在定义 XML 文件时设置层级，仅仅是为了方便阅读。

接下来，获取标签数组中的某个元素。firstChild 属性可返回被选节点的第一个子节点，data 表示获取该节点的数据，它和 WebDriver 中的 text 语句作用相似。

2. 获得标签的属性值

```python
from xml.dom.minidom import parse
dom = parse('./data_file/config.xml')
root = dom.documentElement

login_info = root.getElementsByTagName('login')
# 获得login标签的username属性值
username = login_info[0].getAttribute("username")
print(username)

# 获得login标签的password属性值
password = login_info[0].getAttribute("password")
print(password)

# 获得第二个login标签的username属性值
username = login_info[1].getAttribute("username")
print(username)

# 获得第二个login标签的password属性值
password = login_info[1].getAttribute("password")
print(password)
```

运行结果如下。

```
admin
123456
guest
654321
```

这里主要使用 getAttribute()方法获取元素的属性值，它和 WebDriver 中的 get_attribute()方法作用相似。

5.4.4 读取 JSON 文件

JSON 是一种轻量级的数据交换格式，清晰的层次结构使得 JSON 文件被广泛使用。Python 同样可以读取 JSON 文件，下面创建 user_info.json 文件。

```
[
    {"username":"", "password":""},
    {"username":"", "password":"123"},
```

```
    {"username":"user", "password":""},
    {"username":"error", "password":"error"},
    {"username":"admin", "password":"admin123"}
]
```

创建 read_json.py 文件。

```
import json

with open("./data_file/user_info.json", "r") as f:
    data = f.read()

user_list = json.loads(data)
print(user_list)
```

通过 open()方法即可读取 user_info.json 文件。因为测试数据本身是以列表和字典格式存放的，所以读取整个文件内容后，通过 JSON 提供的表将 str 类型转换为 list 类型即可。

注意：本节仅简单介绍了几种常见的读取数据文件的方法。在自动化测试中，数据驱动必须和单元测试框架一起讨论才有意义，所以我们在介绍完 unittest 单元测试框架之后再来讨论数据驱动。

第 6 章
unittest 单元测试框架

单元测试是一项对技术要求很高的工作，只有白盒测试人员和软件开发人员才能胜任，但用单元测试框架做单元测试却十分简单，而且单元测试框架不仅可以用来做单元测试，它还适用于不同类型的"自动化"测试。下面看看它提供了哪些功能。

1. 提供用例组织和执行

在 Python 中，我们编写的代码可以定义类、方法和函数，那么如何定义一条"测试用例"？如何灵活地控制这些"测试用例"的执行？单元测试框架会告诉我们。

2. 提供丰富的断言方法

当我们进行功能测试时，测试用例需要有预期结果。当测试用例的执行结果与预期结果不一致时，判定测试用例失败。在自动化测试中，通过"断言"来判定测试用例执行成功与否。一般单元测试框架会提供丰富的断言方法。例如，判断相等/不相等、包含/不包含、True/False 等。

3. 提供丰富的日志

自动化测试在运行过程中并不需要人工干预，因此执行的结果非常重要。我们需要从结果中清晰地看出失败的原因。另外，我们还需要统计测试用例的执行结果，如总执行时间、失败测试用例数、成功测试用例数等，这些功能也是由单元测试框架提供的。

从以上几点来看，单元测试框架不仅可以用来写测试用例，凡是涉及自动化测试的工作都可以由单元测试框架完成，如 Web 自动化测试、App 自动化测试，以及接口自动化测试等。

6.1 认识 unittest

在 Python 中有诸多单元测试框架，如 doctest、unittest、pytest、nose 等，Python 2.1 及其以后的版本已经将 unittest 作为一个标准模块放入 Python 开发包中。

6.1.1 认识单元测试

不用单元测试框架能写单元测试吗？答案是肯定的。单元测试本质上就是通过一段代码去验证另外一段代码，所以不用单元测试框架也可以写单元测试。下面就通过例子演示。

创建一个被测试文件 calculator.py。

```python
# 计算器类
class Calculator:
    """ 用于完成两个数的加、减、乘、除 """

    def __init__(self, a, b):
        self.a = int(a)
        self.b = int(b)

    # 加法
    def add(self):
        return self.a + self.b

    # 减法
    def sub(self):
        return self.a - self.b

    # 乘法
    def mul(self):
        return self.a * self.b

    # 除法
    def div(self):
        return self.a / self.b
```

程序非常简单，创建一个 Calculator 类，通过 __init__() 方法接收两个参数，并做 int 类型转换。创建 add()、sub()、mul()、div() 方法分别进行加、减、乘、除运算。

根据上面实现的功能，创建 test_calculator.py 文件。

```python
from calculator import Calculator
```

```python
def test_add():
    c = Calculator(3, 5)
    result = c.add()
    assert result == 8, '加法运算失败!'

def test_sub():
    c = Calculator(7, 2)
    result = c.sub()
    assert result == 5, '减法运算失败!'

def test_mul():
    c = Calculator(3, 3)
    result = c.mul()
    assert result == 10, '乘法运算失败!'

def test_div():
    c = Calculator(6, 2)
    result = c.div()
    assert result == 3, '除法运算失败!'


if __name__ == '__main__':
    test_add()
    test_sub()
    test_mul()
    test_div()
```

运行结果如下。

```
Traceback (most recent call last):
  File "test_calculator.py", line 28, in <module>
    test_mul()
  File "test_calculator.py", line 17, in test_mul
    assert result == 10, '乘法运算失败!'
AssertionError: 乘法运算失败!
```

在测试代码中,首先引入 calculator 文件中的 Calculator 类,并对测试数据进行初始化。接下来调用该类下面的方法,得到计算结果,并断言结果是否正确。

这样的测试存在着一些问题。首先,我们需要自己定义断言失败的提示;其次,当一个测试函数运行失败后,后面的测试函数将不再执行;最后,执行结果无法统计。

当然，我们可以通过编写更多的代码来解决这些问题，但这就偏离了我们做单元测试的初衷。我们应该将重点放在测试本身，而不是其他上面。引入单元测试框架可以很好地解决这些问题。

下面通过 unittest 单元测试框架重新编写测试用例。

```python
import unittest
from calculator import Calculator

class TestCalculator(unittest.TestCase):

    def test_add(self):
        c = Calculator(3, 5)
        result = c.add()
        self.assertEqual(result, 8)

    def test_sub(self):
        c = Calculator(7, 2)
        result = c.sub()
        self.assertEqual(result, 5)

    def test_mul(self):
        c = Calculator(3, 3)
        result = c.mul()
        self.assertEqual(result, 10)

    def test_div(self):
        c = Calculator(6, 2)
        result = c.div()
        self.assertEqual(result, 3)


if __name__ == '__main__':
    unittest.main()
```

运行结果如下。

```
..F.
======================================================================
FAIL: test_mul (__main__.TestCalculator)
----------------------------------------------------------------------
Traceback (most recent call last):
  File "test_calculator_ut.py", line 21, in test_mul
```

```
    self.assertEqual(result, 10)
AssertionError: 9 != 10
----------------------------------------------------------------------
Ran 4 tests in 0.001s

FAILED (failures=1)
```

引入 unittest 模块。如果想用 unittest 编写测试用例，那么一定要遵守它的"规则"。

（1）创建一个测试类，这里为 TestCalculator 类，必须要继承 unittest 模块的 TestCase 类。

（2）创建一个测试方法，该方法必须以"test"开头。

接下来的测试步骤与前面测试代码相同。

首先，调用被测试类，传入初始化数据。

其次，调用被测试方法，得到计算结果。通过 unittest 提供的 assertEqual()方法来断言结果是否与预期结果相同。该方法由 TestCase 父类提供，由于继承了该类，所以可以通过 self 调用。

最后，调用 unittest 的 main()来执行测试用例，它会按照前面的两条规则查找测试用例并执行。

测试结果明显丰富了很多，用"."表示一条运行通过的测试用例，用"F"表示一条运行失败的测试用例，用"E"表示一条运行错误的测试用例，用"s"表示一条运行跳过的测试用例。本次统计运行了 4 条测试用例，运行时间为 0.001s，失败（failures）了 1 条测试用例。失败的测试用例也有清晰说明。

6.1.2　重要的概念

在 unittest 文档中有四个重要的概念：Test Case、Test Suite、Test Runner 和 Test Fixture。只有理解了这几个概念，才能理解单元测试的基本特征。

1. Test Case

Test Case 是最小的测试单元，用于检查特定输入集合的特定返回值。unittest 提供了 TestCase 基类，我们创建的测试类需要继承该基类，它可以用来创建新的测试用例。

2. Test Suite

测试套件是测试用例、测试套件或两者的集合，用于组装一组要运行的测试。unittest 提供了 TestSuite 类来创建测试套件。

3. Test Runner

Test Runner 是一个组件，用于协调测试的执行并向用户提供结果。Test Runner 可以使用图形界面、文本界面或返回特殊值来展示执行测试的结果。unittest 提供了 TextTestRunner 类运行测试用例，为了生成 HTML 格式的测试报告，后面会选择使用 HTMLTestRunner 运行类。

4. Test Fixture

Test Fixture 代表执行一个或多个测试所需的环境准备，以及关联的清理动作。例如，创建临时或代理数据库、目录，或启动服务器进程。unittest 中提供了 setUp()/tearDown()、setUpClass()/tearDownClass()等方法来完成这些操作。

在理解了上面几个概念之后，我们对前面的测试用例做如下修改。

```python
import unittest
from calculator import Calculator

class TestCalculator(unittest.TestCase):

    # 测试用例前置动作
    def setUp(self):
        print("test start:")

    # 测试用例后置动作
    def tearDown(self):
        print("test end")

    def test_add(self):
        c = Calculator(3, 5)
        result = c.add()
        self.assertEqual(result, 8)

    def test_sub(self):
        c = Calculator(7, 2)
        result = c.sub()
```

```
        self.assertEqual(result, 5)

    def test_mul(self):
        c = Calculator(3, 3)
        result = c.mul()
        self.assertEqual(result, 10)

    def test_div(self):
        c = Calculator(6, 2)
        result = c.div()
        self.assertEqual(result, 3)


if __name__ == '__main__':
    # 创建测试套件
    suit = unittest.TestSuite()
    suit.addTest(TestCalculator("test_add"))
    suit.addTest(TestCalculator("test_sub"))
    suit.addTest(TestCalculator("test_mul"))
    suit.addTest(TestCalculator("test_div"))

    # 创建测试运行器
    runner = unittest.TextTestRunner()
    runner.run(suit)
```

首先,创建一个测试类并继承 TestCase 类,在该类下面创建一条以 "test" 开头的方法为测试用例。这个前面已有说明,这里再次说明是为了强调它的重要性。

其次,在测试类中增加了 setUp()/tearDown()方法,用于定义测试用例的前置和后置动作。因为在当前测试中暂时用不上,所以这里定义了一些简单的打印。

接下来,是测试用例的执行,这里做了很大的改动。首先,抛弃了 unittest 提供的 main()方法,而是调用 TestSuite 类下面的 addTest()来添加测试用例。因为一次只能添加一条用例,所以需要指定测试类及测试方法。然后,再调用 TextTestRunner 类下面的 run()运行测试套件。

这样做确实比直接使用 main()方法要麻烦得多,但也并非没有优点。

首先,测试用例的执行顺序可以由测试套件的添加顺序控制,而 main()方法只能按照测试类、方法的名称来执行测试用例。例如,TestA 类比 TestB 类先执行,test_add()用例比 test_div()用例先执行。

其次,当一个测试文件中有很多测试用例时,并不是每次都要执行所有的测试用例,尤其是比较耗时的 UI 自动化测试。因而通过测试套件和测试运行器可以灵活地控制要执行的测试用例。

执行结果如下。

```
test start:
test end
.test start:
test end
.test start:
test end
Ftest start:
test end
.
======================================================================
FAIL: test_mul (__main__.TestCalculator)
----------------------------------------------------------------------
Traceback (most recent call last):
  File "unittest_sample.py", line 26, in test_mul
    self.assertEqual(result, 10)
AssertionError: 9 != 10

----------------------------------------------------------------------
Ran 4 tests in 0.004s

FAILED (failures=1)
```

从执行结果可以看到,setUp/tearDown 作用于每条测试用例的开始之处与结束之处。

6.1.3 断言方法

在执行测试用例的过程中,最终测试用例执行成功与否,是通过测试得到的实际结果与预期结果进行比较得到的。unittest 框架的 TestCase 类提供的用于测试结果的断言方法如表 6-1 所示。

表 6-1 TestCase 类提供的用于测试结果的断言方法

方　　法	检　　查	版　　本
assertEqual(a, b)	a == b	
assertNotEqual(a, b)	a != b	
assertTrue(x)	bool(x) is True	

续表

方　　法	检　　查	版　　本
assertFalse(x)	bool(x) is False	
assertIs(a, b)	a is b	3.1
assertIsNot(a, b)	a is not b	3.1
assertIsNone(x)	x is None	3.1
assertIsNotNone(x)	x is not None	3.1
assertIn(a, b)	a in b	3.1
assertNotIn(a, b)	a not in b	3.1
assertIsInstance(a, b)	isinstance(a, b)	3.2
assertNotIsInstance(a, b)	not isinstance(a, b)	3.2

断言方法的使用如下所示。

```
import unittest

class TestAssert(unittest.TestCase):

    def test_equal(self):
        self.assertEqual(2+2, 4)
        self.assertEqual("python", "python")
        self.assertNotEqual("hello", "python")

    def test_in(self):
        self.assertIn("hello", "hello world")
        self.assertNotIn("hi", "hello")

    def test_true(self):
        self.assertTrue(True)
        self.assertFalse(False)


if __name__ == '__main__':
    unittest.main()
```

运行上面的测试用例，即可通过测试结果推断出这些断言方法是如何使用的。

6.1.4　测试用例的组织与 discover 方法

前面针对 Calculator 类所编写的测试用例存在以下问题。

首先，一个功能对应一条测试用例显然是不够的，要写多少测试用例取决于你对功能需求与测试方法的理解。

其次，是测试用例的划分，笔者建议一个测试类对应一个被测试功能。

```python
import unittest
from calculator import Calculator

class TestAdd(unittest.TestCase):
    """ add()方法测试 """

    def test_add_integer(self):
        """ 整数相加测试 """
        c = Calculator(3, 5)
        self.assertEqual(c.add(), 8)

    def test_add_decimals(self):
        """ 小数相加测试 """
        c = Calculator(3.2, 5.5)
        self.assertEqual(c.add(), 8)

    def test_add_string(self):
        """ 字符串整数相加测试 """
        c = Calculator("7", "9")
        self.assertEqual(c.add(), 16)

    # ……


class TestSub(unittest.TestCase):
    """ sub()方法测试 """
    pass

    # ……

if __name__ == '__main__':
    unittest.main()
```

我们可以在一个测试文件中定义多个测试类，只要它们遵循测试用例的"规则"，main()方法就可以找到并执行它们。但是，我们要测试的类或方法可能有很多。

下面开发一个功能，用于判断某年是否为闰年。创建 leap_year.py 文件。

```python
class LeapYear:
    """计算某年是否为闰年"""

    def __init__ (self, year):
        self.year = int(year)

    def answer(self):
        year = self.year
        if year % 100 == 0:
            if year % 400 == 0:
                # 整百年能被400整除的是闰年
                return "{0}是闰年".format(year)
            else:
                return "{0}不是闰年".format(year)
        else:
            if year % 4 == 0:
                # 非整百年能被4整除的是闰年
                return "{0}是闰年".format(year)
            else:
                return "{0}不是闰年".format(year)
```

创建对应的测试文件 test_leap_year.py。

```python
import unittest
from leap_year import LeapYear

class TestLeapYear(unittest.TestCase):

    def test_2000(self):
        ly = LeapYear(2000)
        self.assertEqual(ly.answer(), "2000是闰年")

    def test_2004(self):
        ly = LeapYear(2004)
        self.assertEqual(ly.answer(), "2004是闰年")

    def test_2017(self):
        ly = LeapYear(2017)
        self.assertEqual(ly.answer(), "2017不是闰年")

    def test_2100(self):
        ly = LeapYear(2100)
        self.assertEqual(ly.answer(), "2100不是闰年")
```

```python
if __name__ == '__main__':
    unittest.main()
```

显然，这里的判断闰年功能（leap_year.py）和计算器功能（calculator.py）并不相关，它们的代码分别写在两个文件当中，所以对应的测试用例最好分开，分别为 test_calculator.py 和 test_leap_year.py。

当前目录结构如下：

```
unittest_sample/
  ├─test_case/
  │  ├─calculator.py
  │  ├─leap_year.py
  │  ├─test_calculator.py
  │  └─test_leap_year.py
  └─run_tests.py
```

如何执行多个测试文件呢？unittest 中的 TestLoader 类提供的 discover() 方法可以从多个文件中查找测试用例。

该类根据各种标准加载测试用例，并将它们返回给测试套件。正常情况下，不需要创建这个类的实例。unittest 提供了可以共享的 defaultTestLoader 类，可以使用其子类或方法创建实例，discover() 方法就是其中之一。

```
discover(start_dir, pattern='test*.py', top_level_dir=None)
```

找到指定目录及其子目录下的所有测试模块，只有匹配的文件名才能被加载。如果启动的不是顶层目录，那么顶层目录必须单独指定。

- start_dir：待测试的模块名或测试用例目录。
- pattern='test*.py'：测试用例文件名的匹配原则。此处匹配文件名以 "test" 开头的 ".py" 类型的文件，星号 "*" 表示任意多个字符。
- top_level_dir=None：测试模块的顶层目录，如果没有顶层目录，则默认为 None。

现在通过 discover() 方法重新实现 run_tests.py 文件的功能。

```
import unittest

# 定义测试用例的目录为当前目录中的 test_case/目录
test_dir = './test_case'
suits = unittest.defaultTestLoader.discover(test_dir, pattern='test*.py')

if __name__ == '__main__':
    runner = unittest.TextTestRunner()
    runner.run(suits)
```

discover()方法会自动根据测试用例目录（test_dir）查找测试用例文件（test*.py），并将找到的测试用例添加到测试套件中，因此，可以直接通过 run()方法执行测试套件 suits。这种方式极大地简化了测试用例的查找，我们需要做的就是按照文件的匹配规则创建测试文件即可。

6.2 关于 unittest 还需要知道的

关于 unittest 还有一些问题值得进一步探讨，如测试用例的执行顺序等。

6.2.1 测试用例的执行顺序

测试用例的执行顺序涉及多个层级：多个测试目录 > 多个测试文件 > 多个测试类 > 多个测试方法（测试用例）。unittest 提供的 main()方法和 discover()方法是按照什么顺序查找测试用例的呢？

我们先运行一个例子，再解释 unittest 的执行策略。

```
import unittest

class TestBdd(unittest.TestCase):

    def setUp(self):
        print("test TestBdd:")

    def test_ccc(self):
        print("test ccc")

    def test_aaa(self):
        print("test aaa")
```

```python
class TestAdd(unittest.TestCase):

    def setUp(self):
        print("test TestAdd:")

    def test_bbb(self):
        print("test bbb")


if __name__ == '__main__':
    unittest.main()
```

执行结果如下。

```
test TestAdd:
test bbb
.test TestBdd:
test aaa
.test TestBdd:
test ccc
.
----------------------------------------------------------------------
Ran 3 tests in 0.000s
```

无论执行多少次，结果都是一样的。通过上面的结果，相信你已经找到 main()方法执行测试用例的规律了。

因为unittest默认根据ASCII码的顺序加载测试用例的（数字与字母的顺序为0~9，A~Z，a~z），所以 TestAdd 类会优先于 TestBdd 类被执行，test_aaa()方法会优先于 test_ccc()方法被执行，也就是说，它并不是按照测试用例的创建顺序从上到下执行的。

discover()方法和 main()方法的执行顺序是一样的。对于测试目录与测试文件来说，上面的规律同样适用。test_aaa.py 文件会优先于 test_bbb.py 文件被执行。所以，如果想让某个测试文件先执行，可以在命名上加以控制。

除命名外，有没有其他办法控制测试用例的执行顺序呢？答案是肯定的，前面也有介绍，我们可以声明测试套件 TestSuite 类，通过 addTest()方法按照一定的顺序来加载测试用例。

修改上面的例子如下。

```
#……
if __name__ == '__main__':
    # 构造测试集
    suite = unittest.TestSuite()
    suite.addTest(TestBdd("test_aaa"))
    suite.addTest(TestBdd("test_ccc"))
    suite.addTest(TestAdd("test_bbb"))

    # 执行测试
    runner = unittest.TextTestRunner()
    runner.run(suite)
```

执行结果如下。

```
test TestBdd:
test aaa
.test TestBdd:
test bbb
.test TestAdd:
test ccc
.
----------------------------------------------------------------------
Ran 3 tests in 0.002s
OK
```

现在的执行顺序与 addTest()方法加载测试用例的顺序相同。不过，当测试用例非常多时，不推荐用这种方法创建测试套件，原因前面也有说明，最好的方法是通过命名控制执行顺序。如果测试用例在设计时不产生相互依赖，那么测试用例的执行顺序就没那么重要了。

6.2.2 执行多级目录的测试用例

当测试用例的数量达到一定量级时，就要考虑目录划分，比如规划如下测试目录。

对于上面的目录结构，如果将 discover()方法中的 start_dir 参数定义为"./test_case"目录，那么只能加载 test_a.py 文件中的测试用例。如何让 unittest 查找 test_case/下子目录中的测试文件呢？方法很简单，就是在每个子目录下放一个 __init__.py 文件。__init__.py 文件的作用是将一个目录标记成一个标准的 Python 模块。

6.2.3 跳过测试和预期失败

在运行测试时，有时需要直接跳过某些测试用例，或者当测试用例符合某个条件时跳过测试，又或者直接将测试用例设置为失败。unittest 提供了实现这些需求的装饰器。

unittest.skip(reason)

无条件地跳过装饰的测试，需要说明跳过测试的原因。

unittest.skipIf(condition, reason)

如果条件为真，则跳过装饰的测试。

unittest.skipUnless(condition, reason)

当条件为真时，执行装饰的测试。

unittest.expectedFailure()

不管执行结果是否失败，都将测试标记为失败。

```
import unittest

class MyTest(unittest.TestCase):

    @unittest.skip("直接跳过测试")
    def test_skip(self):
        print("test aaa")

    @unittest.skipIf(3 > 2, "当条件为真时跳过测试")
```

```python
    def test_skip_if(self):
        print('test bbb')

    @unittest.skipUnless(3 > 2, "当条件为真时执行测试")
    def test_skip_unless(self):
        print('test ccc')

    @unittest.expectedFailure
    def test_expected_failure(self):
        self.assertEqual(2, 3)


if __name__ == '__main__':
    unittest.main()
```

执行结果如下。

```
xsstest ccc
.
----------------------------------------------------------------------
Ran 4 tests in 0.001s

OK (skipped=2, expected failures=1)
```

上面的例子创建了四条测试用例。

第一条测试用例通过@unittest.skip()装饰，直接跳过测试。

第二条测试用例通过@unittest.skipIf()装饰，当条件为真时跳过测试；3>2 条件为真（True），所以跳过测试。

第三条测试用例通过@unittest.skipUnless()装饰，当条件为真时执行测试；3>2 条件为真（True），执行测试。

第四条测试用例通过@unittest.expectedFailure 装饰，不管执行结果是否失败，都将测试标记为失败，但不会抛出失败信息。

当然，这些方法同样适用于测试类，只需将它们针对测试类装饰即可。

```
import unittest


@unittest.skip("直接跳过，不测试该测试类")
```

```
class MyTest(unittest.TestCase):
# ……
```

6.2.4 Fixture

我们可以把 Fixture 看作夹心饼干外层的两片饼干，这两片饼干就是 setUp/tearDown，中间的奶油就是测试用例。除此之外，unittest 还提供了更大范围的 Fixture，如测试类和模块的 Fixture。

```
import unittest

def setUpModule():
    print("test module start >>>>>>>>>>>>>>")

def tearDownModule():
    print("test module end >>>>>>>>>>>>>>")

class MyTest(unittest.TestCase):

    @classmethod
    def setUpClass(cls):
        print("test class start =======>")

    @classmethod
    def tearDownClass(cls):
        print("test class end  =======>")

    def setUp(self):
        print("test case start -->")

    def tearDown(self):
        print("test case end -->")

    def test_case1(self):
        print("test case1")

    def test_case2(self):
        print("test case2")

if __name__ == '__main__':
    unittest.main()
```

执行结果如下。

```
test module start >>>>>>>>>>>>>
..test class start =======>
test case start -->
test case1
test case end -->
test case start -->
test case2
test case end -->
test class end =======>
test module end >>>>>>>>>>>>>
----------------------------------------------------------------------
Ran 2 tests in 0.000s
OK
```

setUpModule/tearDownModule：在整个模块的开始与结束时被执行。

setUpClass/tearDownClass：在测试类的开始与结束时被执行。

setUp/tearDown：在测试用例的开始与结束时被执行。

需要注意的是，setUpClass/tearDownClass 为类方法，需要通过@classmethod 进行装饰。另外，方法的参数为 cls。其实，cls 与 self 并没有什么本质区别，都只表示方法的第一个参数。

6.3　编写 Web 自动化测试

我们学习 unittest 的目的是用它编写 Web 自动化测试用例，所以接下来会将 unittest 与 Selenium 结合起来进行 Web 自动化测试。

创建 test_baidu.py 文件。

```
import unittest
from time import sleep
from selenium import webdriver


class TestBaidu(unittest.TestCase):

    def setUp(self):
        self.driver = webdriver.Chrome()
```

```
        self.base_url = "https://www.baidu.com"

    def test_search_key_selenium(self):
        self.driver.get(self.base_url)
        self.driver.find_element_by_id("kw").send_keys("selenium")
        self.driver.find_element_by_id("su").click()
        sleep(2)
        title = self.driver.title
        self.assertEqual(title, "selenium_百度搜索")

    def test_search_key_unttest(self):
        self.driver.get(self.base_url)
        self.driver.find_element_by_id("kw").send_keys("unittest")
        self.driver.find_element_by_id("su").click()
        sleep(2)
        title = self.driver.title
        self.assertEqual(title, "unittest_百度搜索")

    def tearDown(self):
        self.driver.quit()

if __name__ == '__main__':
    unittest.main()
```

对上面的代码不做过多介绍，都是以 unittest 创建测试类和方法的。方法中的代码是 Selenium 脚本。不过，这里的代码存在一些问题，我们来——改进。

首先，观察代码可以发现，两个测试用例中的步骤是一样的，唯一的区别是搜索的关键字和断言的结果不同。在第 5 章我们学习过模块化，所以这里把操作步骤封装成一个方法。

```
...
class TestBaidu(unittest.TestCase):

    def setUp(self):
        self.driver = webdriver.Chrome()
        self.base_url = "https://www.baidu.com"

    def baidu_search(self, search_key):
        self.driver.get(self.base_url)
        self.driver.find_element_by_id("kw").send_keys(search_key)
        self.driver.find_element_by_id("su").click()
```

```
        sleep(2)

    def test_search_key_selenium(self):
        search_key = "selenium"
        self.baidu_search(search_key)
        self.assertEqual(self.driver.title, search_key+"_百度搜索")

    def test_search_key_unttest(self):
        search_key = "unittest"
        self.baidu_search(search_key)
        self.assertEqual(self.driver.title, search_key+"_百度搜索")
...
```

这里将百度首页的访问和搜索过程封装成一个 baidu_search()方法，并定义 search_key 参数为搜索关键字，根据接收的关键字执行不同内容的搜索。

这里的 baidu_search()方法会被当作测试用例执行吗？当然不会,因为根据 unittest 查找和执行测试用例的规则，它只会把以"test"开头的方法当作测试用例。

另一个值得讨论的问题是，测试用例的断言要不要写在封装的方法中？从前面的代码可以看出，测试的断言点是一样的。不过，笔者更倾向于把断言写在每一条测试用例里面，因为很多时候就算操作步骤是一样的，断言点也不完全一样。例如，登录功能的测试用例，虽然操作步骤相同，但是用户名为空和密码为空，这两条测试用例的提示信息可能显示在不同的位置，所以获取提示信息的定位方法是不一样的，因此断言也就不完全一样了。另外，从设计的角度来看，断言写在每一个测试用例中也会更加清晰。

我们发现每一条测试用例都要启动和关闭一次浏览器，这是非常耗时的，那么如何减少浏览器的启动和关闭次数呢？利用前面学过的 setUpClass/tearDownClass 可以解决这个问题。

```
...
class TestBaidu(unittest.TestCase):

    @classmethod
    def setUpClass(cls):
        cls.driver = webdriver.Chrome()
        cls.base_url = "https://www.baidu.com"
```

```
    def baidu_search(self, search_key):
        self.driver.get(self.base_url)
        self.driver.find_element_by_id("kw").send_keys(search_key)
        self.driver.find_element_by_id("su").click()
        sleep(2)

    def test_search_key_selenium(self):
        search_key = "selenium"
        self.baidu_search(search_key)
        self.assertEqual(self.driver.title, search_key+"_百度搜索")

    def test_search_key_unttest(self):
        search_key = "unittest"
        self.baidu_search(search_key)
        self.assertEqual(self.driver.title, search_key+"_百度搜索")

    @classmethod
    def tearDownClass(cls):
        cls.driver.quit()
...
```

虽然我们将 driver 驱动定义为 cls.driver，但是在每个测试用例中使用时依然为 self.driver。当整个测试类中的所有测试用例都运行完成后，会调用 cls.driver.quit()关闭浏览器。当一个测试类中有多条测试用例时，这种方式将大大缩短测试用例的执行时间。

第 7 章
unittest扩展

在第 6 章中，我们介绍了 unittest 的主要功能，但是如果只用它来写 Web 自动化测试，则仍稍显不足。例如，它不能生成 HTML 格式的报告、它不能提供参数化功能等。不过，我们可以借助第三方扩展来弥补这些不足。

7.1 HTML 测试报告

HTMLTestRunner 是 unittest 的一个扩展，它可以生成易于使用的 HTML 测试报告。HTMLTestRunner 是在 BSD 许可证下发布的。

下载地址：http://tungwaiyip.info/software/HTMLTestRunner.html。

因为该扩展不支持 Python 3，所以笔者做了一些修改，使它可以在 Python 3 下运行。另外，还做了一些样式调整，使其看上去更加美观。

GitHub 地址：https://github.com/defnngj/HTMLTestRunner。

7.1.1 下载与安装

HTMLTestRunner 的使用非常简单，它是一个独立的 HTMLTestRunner.py 文件，既可以把它当作 Python 的第三方库来使用，也可以将把它当作项目的一部分来使用。

首先打开上面的 GitHub 地址，克隆或下载整个项目。然后把 HTMLTestRunner.py 单独放到 Python 的安装目录下面，如 C:\Python37\Lib\。

打开 Python Shell，验证安装是否成功。

```
> python
Python 3.7.1 (v3.7.1:260ec2c36a, Oct 20 2018, 14:57:15) [MSC v.1915 64 bit (AMD64)]
on win32
Type "help", "copyright", "credits" or "license" for more information.
>>> import HTMLTestRunner
>>>
```

如果没有报错,则说明安装成功。

如果把 HTMLTestRunner 当作项目的一部分来使用,就把它放到项目目录中。笔者推荐这种方式,因为可以方便地定制生成的 HTMLTestRunner 报告。

```
unittest_expand/
├─test_case/
│   └─test_baidu.py
├─test_report/
├─HTMLTestRunner.py
└─run_tests.py
```

其中,test_report/用于存放测试报告,稍后将会用到。

7.1.2 生成 HTML 测试报告

如果想用 HTMLTestRunner 生成测试报告,那么请查看本书 6.1.4 节 run_tests.py 文件的实现。测试用例的执行是通过 TextTestRunner 类提供的 run()方法完成的。这里需要把 HTMLTestRunner.py 文件中的 HTMLTestRunner 类替换 TextTestRunner 类。

打开 HTMLTestRunner.py 文件,在第 694 行(如果代码更新,则行号会发生变化)可以找到 HTMLTestRunner 类。

```
...
class HTMLTestRunner(Template_mixin):
    """
    """
    def __init__(self, stream=sys.stdout, verbosity=1, title=None,
                 description=None):
        self.stream = stream
        self.verbosity = verbosity
        if title is None:
```

```
            self.title = self.DEFAULT_TITLE
        else:
            self.title = title

        if description is None:
            self.description = self.DEFAULT_DESCRIPTION
        else:
            self.description = description

        self.startTime = datetime.datetime.now()

    def run(self, test):
        "Run the given test case or test suite."
        result = _TestResult(self.verbosity)
        test(result)
        self.stopTime = datetime.datetime.now()
        self.generateReport(test, result)
        #print(sys.stderr, '\nTime Elapsed: %s' %
            (self.stopTime-self.startTime))
        return result
...
```

这段代码是 HTMLTestRunner 类的部分实现,主要看__init__()初始化方法的参数。

- stream:指定生成 HTML 测试报告的文件,必填。
- verbosity:指定日志的级别,默认为 1。如果想得到更详细的日志,则可以将参数修改为 2。
- title:指定测试用例的标题,默认为 None。
- description:指定测试用例的描述,默认为 None。

在 HTMLTestRunner 类中,同样由 run()方法来运行测试套件中的测试用例。修改 run_tests.py 文件如下。

```
import unittest
from HTMLTestRunner import HTMLTestRunner

# 定义测试用例的目录为当前目录下的 test_case 目录
test_dir = './test_case'
suit = unittest.defaultTestLoader.discover(test_dir, pattern='test*.py')

if __name__ == '__main__':
    # 生成 HTML 格式的报告
```

```
fp = open('./test_report/result.html', 'wb')
runner = HTMLTestRunner(stream=fp,
                title="百度搜索测试报告",
                description="运行环境: Windows 10, Chrome 浏览器"
                )
runner.run(suit)
fp.close()
```

首先，使用 open()方法打开 result.html 文件，用于写入测试结果。如果没有 result.html 文件，则会自动创建该文件，并将该文件对象传给 HTMLTestRunner 类的初始化参数 stream。然后，调用 HTMLTestRunner 类中的 run()方法来运行测试套件。最后，关闭 result.html 文件。

打开/test_report/result.html 文件，将会得到一张 HTML 格式的报告。HTMLTestRunner 测试报告如图 7-1 所示。

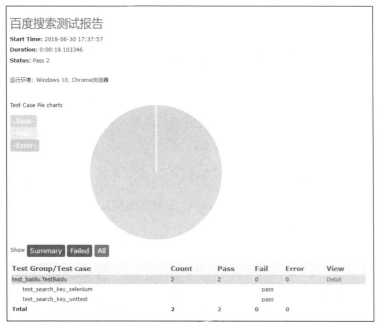

图 7-1　HTMLTestRunner 测试报告

7.1.3　更易读的测试报告

现在生成的测试报告并不易读，因为它仅显示测试类名和测试方法名。如果随意命名为"test_case1""test_case2"等,那么将很难明白这些测试用例所测试的功能。

在编写功能测试用例时,每条测试用例都有标题或说明,那么能否为自动化测试用例加上中文的标题或说明呢?答案是肯定的。在此之前,我们先来补充一个知识点:Python的注释。

Python 的注释有两种,一种叫作 comment,另一种叫作 doc string。前者为普通注释,后者用于描述函数、类和方法。

打开 Python Shell,测试下面的代码。

```
>>> def add(a, b):
...     """ add()函数需要两个入参,并返回两个参数相加的值。 """
...     return a + b
...
>>> add(3, 5)
8
>>> help(add)
Help on function add in module __main__:

add(a, b)
    add()函数需要两个入参,并返回两个参数相加的值。

>>>
```

在类或方法的下方,可以通过三引号(""" """ 或 ''' ''')添加 doc string 类型的注释。这类注释在平时调用时不会显示,只有通过 help()方法查看时才会被显示出来。

因为 HTMLTestRunner 可以读取 doc string 类型的注释,所以,我们只需给测试类或方法添加这种类型的注释即可。

```
class TestBaidu(unittest.TestCase):
""" 百度搜索测试 """

……

def test_search_key_selenium(self):
    """ 搜索关键字:selenium """
    ……

def test_search_key_unttest(self):
    """ 搜索关键字:unittest """
    ……
```

再次运行测试用例，查看测试报告，加了注释的测试报告如图 7-2 所示。

Show Summary Failed All

Test Group/Test case	Count	Pass	Fail	Error	View
test_baidu.TestBaidu: 百度搜索测试	2	2	0	0	Detail
test_search_key_selenium: " 搜索关键字：selenium			pass		
test_search_key_unttest: " 搜索关键字：unittest			pass		
Total	2	2	0	0	

图 7-2　加了注释的测试报告

7.1.4　测试报告文件名

因为测试报告的名称是固定的，所以每次新的测试报告都会覆盖上一次的。如果不想被覆盖，那么只能每次在运行前都手动修改报告的名称。这样显然非常麻烦，我们最好能为测试报告自动取不同的名称，并且还要有一定的含义。时间是个不错的选择，因为它可以标识每个报告的运行时间，更主要的是，时间永远不会重复。

在 Python 的 time 模块中提供了各种关于时间操作的方法，利用这些方法可以完成这个需求。

```
>>> import time
>>> time.time()
1530352438.7203176

>>> time.ctime()
'Sat Jun 30 17:54:14 2018'

>>> time.localtime()
time.struct_time(tm_year=2018, tm_mon=6, tm_mday=30, tm_hour=17, tm_min=54,
tm_sec=26, tm_wday=5, tm_yday=181, tm_isdst=0)

>>> time.strftime("%Y_%m_%d %H:%M:%S")
'2018_06_30 17:54:39'
```

说明如下。

- time.time()：获取当前时间戳。
- time.ctime()：当前时间的字符串形式。
- time.localtime()：当前时间的 struct_time 形式。
- time.strftime()：用来获取当前时间，可以将时间格式化为字符串。

打开 runtests.py 文件，做如下修改。

```
import time
……

if __name__ == '__main__':
    # 取当前日期时间
    now_time = time.strftime("%Y-%m-%d %H_%M_%S")
    fp = open('./test_report/'+ now_time +'result.html', 'wb')
    runner = HTMLTestRunner(stream=fp,
                            title="百度搜索测试报告",
                            description="运行环境：Windows 10, Chrome 浏览器"
                            )
    runner.run(suit)
    fp.close()
```

通过 strftime()方法以指定的格式获取当前日期时间，并赋值给 now_time 变量。将 now_time 通过加号（+）拼接到生成的测试报告的文件名中。多次运行测试用例，可以看到生成的测试报告目录如图 7-3 所示。

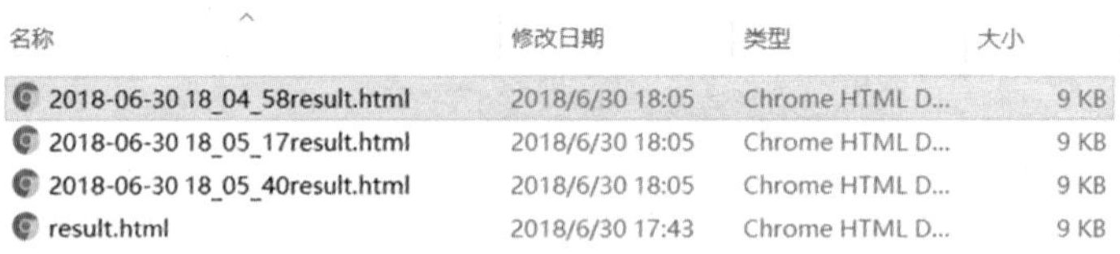

名称	修改日期	类型	大小
2018-06-30 18_04_58result.html	2018/6/30 18:05	Chrome HTML D...	9 KB
2018-06-30 18_05_17result.html	2018/6/30 18:05	Chrome HTML D...	9 KB
2018-06-30 18_05_40result.html	2018/6/30 18:05	Chrome HTML D...	9 KB
result.html	2018/6/30 17:43	Chrome HTML D...	9 KB

图 7-3　测试报告目录

7.2　数据驱动应用

数据驱动是自动化测试的一个重要功能，在第 5 章中，介绍了数据文件的使用。虽然不使用单元测试框架一样可以写测试代码和使用数据文件，但是这就意味着放弃了单元测试框架提供给我们的所有功能，如测试用例的断言、灵活的运行机制、结果统计及测试报告等。这些都需要自己去实现，显然非常麻烦。所以，抛开单元测试框架谈数据驱动的使用是没有意义的。

下面探讨数据驱动的使用，以及 unittest 关于参数化的库。

7.2.1 数据驱动

由于大多数文章和资料都把"读取数据文件"看作数据驱动的标志,所以我们来讨论一下这个问题。

在 unittest 中,使用读取数据文件来实现参数化可以吗?当然可以。这里以读取 CSV 文件为例。创建一个 baidu_data.csv 文件,如图 7-4 所示。

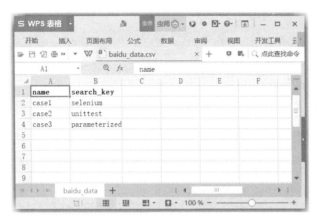

图 7-4　baidu_data.csv 文件

文件第一列为测试用例名称,第二例为搜索的关键字。接下来创建 test_baidu_data.py 文件。

```
import csv
import codecs
import unittest
from time import sleep
from itertools import islice
from selenium import webdriver

class TestBaidu(unittest.TestCase):

    @classmethod
    def setUpClass(cls):
        cls.driver = webdriver.Chrome()
        cls.base_url = "https://www.baidu.com"

    @classmethod
    def tearDownClass(cls):
        cls.driver.quit()
```

```python
    def baidu_search(self, search_key):
        self.driver.get(self.base_url)
        self.driver.find_element_by_id("kw").send_keys(search_key)
        self.driver.find_element_by_id("su").click()
        sleep(3)

    def test_search(self):
        with codecs.open('baidu_data.csv', 'r', 'utf_8_sig') as f:
            data = csv.reader(f)
            for line in islice(data, 1, None):
                search_key = line[1]
                self.baidu_search(search_key)

if __name__ == '__main__':
    unittest.main(verbosity=2)
```

这样做似乎没有问题，确实可以读取 baidu_data.csv 文件中的三条数据并进行测试，测试结果如下。

```
test_search (__main__.TestBaidu) ... ok

----------------------------------------------------------------------
Ran 1 test in 18.671s

OK
```

所有测试数据被当作一条测试用例执行了。我们知道，unittest 是以 "test" 开头的测试方法来划分测试用例的，而此处是在一个测试方法下面通过 for 循环来读取测试数据并执行的，因而会被当作一条测试用例。

这样划分并不合理，比如，有 10 条数据，只要有 1 条数据执行失败，那么整个测试用例就执行失败了。所以，10 条数据对应 10 条测试用例更为合适，就算其中 1 条数据的测试用例执行失败了，也不会影响其他 9 条数据的测试用例的执行，并且在定位测试用例失败的原因时会更加简单。

```
import csv
import codecs
import unittest
from time import sleep
from itertools import import islice
```

```python
from selenium import webdriver

class TestBaidu(unittest.TestCase):

    @classmethod
    def setUpClass(cls):
        cls.driver = webdriver.Chrome()
        cls.base_url = "https://www.baidu.com"
        cls.test_data = []
        with codecs.open('baidu_data.csv', 'r', 'utf_8_sig') as f:
            data = csv.reader(f)
            for line in islice(data, 1, None):
                cls.test_data.append(line)

    @classmethod
    def tearDownClass(cls):
        cls.driver.quit()

    def baidu_search(self, search_key):
        self.driver.get(self.base_url)
        self.driver.find_element_by_id("kw").send_keys(search_key)
        self.driver.find_element_by_id("su").click()
        sleep(3)

    def test_search_selenium(self):
        self.baidu_search(self.test_data[0][1])

    def test_search_unittest(self):
        self.baidu_search(self.test_data[1][1])

    def test_search_parameterized(self):
        self.baidu_search(self.test_data[2][1])

if __name__ == '__main__':
    unittest.main(verbosity=2)
```

这一次，用 setUpClass() 方法读取 baidu_data.csv 文件，并将文件中的数据存储到 test_data 数组中。分别创建不同的测试方法使用 test_data 中的数据，测试结果如下。

```
test_search_parameterized (__main__.TestBaidu) ... ok
test_search_selenium (__main__.TestBaidu) ... ok
test_search_unittest (__main__.TestBaidu) ... ok
```

```
----------------------------------------------------------------------
Ran 3 tests in 18.549s

OK
```

从测试结果可以看到，3 条数据被当作 3 条测试用例执行了。那么是不是就完美解决了前面的问题呢？接下来，需要思考一下，读取数据文件带来了哪些问题？

（1）增加了读取的成本。不管什么样的数据文件，在运行自动化测试用例前都需要将文件中的数据读取到程序中，这一步是不能少的。

（2）不方便维护。读取数据文件是为了方便维护，但事实上恰恰相反。在 CSV 数据文件中，并不能直观体现出每一条数据对应的测试用例。而在测试用例中通过 test_data[0][1] 方式获取数据也存在很多问题，如果在 CSV 文件中间插入了一条数据，那么测试用例获取到的测试数据很可能就是错的。

如果在测试过程中需要用很多数据怎么办？我们知道测试脚本并不是用来存放数据的地方，如果待测试的数据很多，那么全部放到测试脚本中显然并不合适。

在回答这个问题之前，先思考一下什么是 UI 自动化测试？UI 自动化测试是站在用户的角度模拟用户的操作。那么用户在什么场景下会输入大量的数据呢？其实输入大量数据的功能很少，如果整个系统都需要用户重复或大量地输入数据，那么很可能是用户体验做得不好！大多数时候，系统只允许用户输入用户名、密码和个人信息，或搜索一些关键字等。

假设我们要测试用户发文章的功能，这时确实会用到大量的数据。

那么读取数据文件是不是就完全没必要了呢？当然不是，比如一些自动化测试的配置就可以放到数据文件中，如运行环境、运行的浏览器等，放到配置文件中会更方便管理。

7.2.2 Parameterized

Parameterized 是 Python 的一个参数化库，同时支持 unittest、Nose 和 pytest 单元测试框架。

GitHub 地址：https://github.com/wolever/parameterized。

Parameterized 支持 pip 安装。

```
> pip install parameterized
```

在第 6.3 节实现了百度搜索的测试,这里将通过 Parameterized 实现参数化。

```python
import unittest
from time import sleep
from selenium import webdriver
from parameterized import parameterized


class TestBaidu(unittest.TestCase):

    @classmethod
    def setUpClass(cls):
        cls.driver = webdriver.Chrome()
        cls.base_url = "https://www.baidu.com"

    def baidu_search(self, search_key):
        self.driver.get(self.base_url)
        self.driver.find_element_by_id("kw").send_keys(search_key)
        self.driver.find_element_by_id("su").click()
        sleep(2)

    # 通过 Parameterized 实现参数化
    @parameterized.expand([
        ("case1", "selenium"),
        ("case2", "unittest"),
        ("case3", "parameterized"),
    ])
    def test_search(self, name, search_key):
        self.baidu_search(search_key)
        self.assertEqual(self.driver.title, search_key + "_百度搜索")

    @classmethod
    def tearDownClass(cls):
        cls.driver.quit()

if __name__ == '__main__':
    unittest.main(verbosity=2)
```

这里的主要改动在测试用例部分。

首先,导入 Parameterized 库下面的 parameterized 类。

其次，通过@parameterized.expand()来装饰测试用例 test_search()。

在@parameterized. expand()中，每个元组都可以被认为是一条测试用例。元组中的数据为该条测试用例变化的值。在测试用例中，通过参数来取每个元组中的数据。

在 test_search()中，name 参数对应元组中第一列数据，即"case1""case2""case3"，用来定义测试用例的名称；search_key 参数对应元组中第二列数据，即"selenium""unittest""parameterized"，用来定义搜索的关键字。

最后，使用 unittest 的 main()方法，设置 verbosity 参数为 2，输出更详细的执行日志。运行上面的测试用例，结果如下。

```
test_search_0_case1 (__main__.TestBaidu) ... ok
test_search_1_case2 (__main__.TestBaidu) ... ok
test_search_2_case3 (__main__.TestBaidu) ... ok

----------------------------------------------------------------------
Ran 3 tests in 19.068s

OK
```

通过测试结果可以看到，因为是根据@parameterized.expand()中元组的个数来统计测试用例数的，所以产生了 3 条测试用例。test_search 为定义的测试用例的名称。参数化会自动加上"0"、"1"和"2"来区分每条测试用例，在元组中定义的"case1""case2""case3"也会作为每条测试用例名称的后缀出现。

7.2.3 DDT

DDT（Data-Driven Tests）是针对 unittest 单元测试框架设计的扩展库。允许使用不同的测试数据来运行一个测试用例，并将其展示为多个测试用例。

GitHub 地址：https://github.com/datadriventests/ddt。

DDT 支持 pip 安装。

```
> pip install ddt
```

同样以百度搜索为例，来看看 DDT 的用法。创建 test_baidu_ddt.py 文件。

```
import unittest
from time import sleep
```

```python
from selenium import webdriver
from ddt import ddt, data, file_data, unpack

@ddt
class TestBaidu(unittest.TestCase):

    @classmethod
    def setUpClass(cls):
        cls.driver = webdriver.Chrome()
        cls.base_url = "https://www.baidu.com"

    def baidu_search(self, search_key):
        self.driver.get(self.base_url)
        self.driver.find_element_by_id("kw").send_keys(search_key)
        self.driver.find_element_by_id("su").click()
        sleep(3)

    # 参数化使用方式一
    @data(["case1", "selenium"], ["case2", "ddt"], ["case3", "python"])
    @unpack
    def test_search1(self, case, search_key):
        print("第一组测试用例: ", case)
        self.baidu_search(search_key)
        self.assertEqual(self.driver.title, search_key + "_百度搜索")

    # 参数化使用方式二
    @data(("case1", "selenium"), ("case2", "ddt"), ("case3", "python"))
    @unpack
    def test_search2(self, case, search_key):
        print("第二组测试用例: ", case)
        self.baidu_search(search_key)
        self.assertEqual(self.driver.title, search_key + "_百度搜索")

    # 参数化使用方式三
    @data({"search_key": "selenium"}, {"search_key": "ddt"}, {"search_key":
        "python"})
    @unpack
    def test_search3(self, search_key):
        print("第三组测试用例: ", search_key)
        self.baidu_search(search_key)
        self.assertEqual(self.driver.title, search_key + "_百度搜索")

    @classmethod
```

```
    def tearDownClass(cls):
        cls.driver.quit()


if __name__ == '__main__':
    unittest.main(verbosity=2)
```

使用 DDT 需要注意以下几点。

首先，测试类需要通过@ddt 装饰器进行装饰。

其次，DDT 提供了不同形式的参数化。这里列举了三组参数化，第一组为列表，第二组为元组，第三组为字典。需要注意的是，字典的 key 与测试方法的参数要保持一致。

执行结果如下。

```
test_search1_1__case1___selenium__ (__main__.TestBaidu)
list() -> new empty list ... 第一组测试用例：case1
ok
test_search1_2__case2___ddt__ (__main__.TestBaidu)
list() -> new empty list ... 第一组测试用例：case2
ok
test_search1_3__case3___python__ (__main__.TestBaidu)
list() -> new empty list ... 第一组测试用例：case3
ok
test_search2_1__case1___selenium__ (__main__.TestBaidu)
tuple() -> empty tuple ... 第二组测试用例：case1
ok
test_search2_2__case2___ddt__ (__main__.TestBaidu)
tuple() -> empty tuple ... 第二组测试用例：case2
ok
test_search2_3__case3___python__ (__main__.TestBaidu)
tuple() -> empty tuple ... 第二组测试用例：case3
ok
test_search3_1 (__main__.TestBaidu)
dict() -> new empty dictionary ... 第三组测试用例：selenium
ok
test_search3_2 (__main__.TestBaidu)
dict() -> new empty dictionary ... 第三组测试用例：ddt
ok
test_search3_3 (__main__.TestBaidu)
dict() -> new empty dictionary ... 第三组测试用例：python
ok
```

```
----------------------------------------------------------------
Ran 9 tests in 39.290s

OK
```

DDT 同样支持数据文件的参数化。它封装了数据文件的读取，让我们更专注于数据文件中的内容，以及在测试用例中的使用，而不需要关心数据文件是如何被读取进来的。

首先，创建 ddt_data_file.json 文件。

```
{
    "case1": {"search_key": "python"},
    "case2": {"search_key": "ddt"},
    "case3": {"search_key": "Selenium"}
}
```

在测试用例中使用 test_data_file.json 文件参数化测试用例，在 test_baidu_ddt.py 文件中增加测试用例数据。

```
...
    # 参数化读取 JSON 文件
    @file_data('ddt_data_file.json')
    def test_search4(self, search_key):
        print("第四组测试用例: ", search_key)
        self.baidu_search(search_key)
        self.assertEqual(self.driver.title, search_key + "_百度搜索")
```

注意，ddt_data_file.json 文件需要与 test_baidu_ddt.py 放在同一目录下面，否则需要指定 ddt_data_file.json 文件的路径。

除此之外，DDT 还支持 yaml 格式的数据文件。创建 ddt_data_file.yaml 文件。

```
case1:
 - search_key: "python"
case2:
 - search_key: "ddt"
case3:
 - search_key: "unittest"
```

在 test_baidu_ddt.py 文件中增加测试用例。

```
    ...
    # 参数化读取 yaml 文件
```

```
@file_data('ddt_data_file.yaml')
def test_search5(self, case):
    search_key = case[0]["search_key"]
    print("第五组测试用例: ", search_key)
    self.baidu_search(search_key)
    self.assertEqual(self.driver.title, search_key + "_百度搜索")
```

这里的取值与上面的 JSON 文件有所不同,因为每一条用例都被解析为[{'search_key': 'python'}],所以要想取到搜索关键字,则需要通过 case[0]["search_key"]的方式获取。

7.3 自动发送邮件功能

自动发送邮件功能是自动化测试项目的重要需求之一,当自动化测试用例运行完成之后,可自动向相关人员的邮箱发送测试报告。严格来讲,这里介绍的发送邮件模块并不属于 unittest 的扩展,不过,我们仍然可以将它与 unittest 结合使用。

SMTP(Simple Mail Transfer Protocol)是简单邮件传输协议,是一组由源地址到目的地址传送邮件的规则,可以控制信件的中转方式。Python 的 smtplib 模块提供了简单的 API 用来实现发送邮件功能,它对 SMTP 进行了简单的封装。

在实现发送邮件功能之前,需要补充一个基础知识。在给其他人发送邮件之前,首先需要有一个自己的邮箱。通过浏览器打开邮箱网址(如 www.126.com),或打开邮箱客户端(如 Foxmail),登录自己的邮箱账号。如果是邮箱客户端,则还需要配置邮箱服务器地址(如 smtp.126.com)。然后填写收件人地址、邮件的主题和正文,以及添加附件等。即便通过 Python 实现发送邮件功能,也需要设置这些信息。

7.3.1 Python 自带的发送邮件功能

在发送邮件时,除填写主题和正文外,还可以增加抄送人、添加附件等。这里我们分别把测试报告作为正文和附件进行发送。

1. 发送邮件正文

```
import smtplib
from email.mime.text import MIMEText
from email.header import Header

# 发送邮件主题
```

```
subject = 'Python email test'

# 编写 HTML 类型的邮件正文
msg = MIMEText('<html><h1>你好! </h1></html>', 'html', 'utf-8')
msg['Subject'] = Header(subject, 'utf-8')

# 发送邮件
smtp = smtplib.SMTP()
smtp.connect("smtp.126.com")
smtp.login("sender@126.com", "a123456")
smtp.sendmail("sender@126.com", "receiver@126.com", msg.as_string())
smtp.quit()
```

首先，调用 email 模块下面的 MIMEText 类，定义发送邮件的正文、格式，以及编码。

然后，调用 email 模块下面的 Header 类，定义邮件的主题和编码类型。

smtplib 模块用于发送邮件。connect()方法指定连接的邮箱服务；login()方法指定登录邮箱的账号和密码；sendmail()方法指定发件人、收件人，以及邮件的正文； quit()方法用于关闭邮件服务器的连接。

登录收件人邮箱，可看到邮件内容如图 7-5 所示。

图 7-5　邮件内容

2．发送带附件的邮件

```
import smtplib
from email.mime.text import MIMEText
from email.mime.multipart import MIMEMultipart

# 邮件主题
subject = 'Python send email test'
# 发送的附件
with open('log.txt', 'rb') as f:
```

```
    send_att = f.read()

att = MIMEText(send_att, 'text', 'utf-8')
att["Content-Type"] = 'application/octet-stream'
att["Content-Disposition"] = 'attachment; filename="log.txt"'

msg = MIMEMultipart()
msg['Subject'] = subject
msg.attach(att)

# 发送邮件
smtp = smtplib.SMTP()
smtp.connect("smtp.126.com")
smtp.login("sender@126.com", "a123456")
smtp.sendmail("sender@126.com", "receiver@126.com", msg.as_string())
smtp.quit()
```

带附件的邮件要稍微复杂一些。

首先，读取附件的内容。通过 MIMEText 类，定义发送邮件的正文、格式，以及编码；Content-Type 指定附件内容类型；application/octet-stream 表示二进制流；Content-Disposition 指定显示附件的文件；attachment; filename="log.txt"指定附件的文件名。

然后，使用 MIMEMultipart 类定义邮件的主题，attach()指定附件信息。

最后，通过 smtplib 模块发送邮件，发送过程与第一个例子相同。

带附件的邮件如图 7-6 所示。

图 7-6　带附件的邮件

7.3.2　用 yagmail 发送邮件

yagmail 是 Python 的一个第三方库，可以让我们以非常简单的方法实现自动发送邮件功能。

GitHub 项目地址：https://github.com/kootenpv/yagmail。

通过 pip 命令安装。

```
> pip install yagmail
```

项目文档提供了的简单发送邮件的例子。

```
import yagmail

# 连接邮箱服务器
yag = yagmail.SMTP(user="sender@126.com", password="a123456",
host='smtp.126.com')

# 邮件正文
contents = ['This is the body, and here is just text http://somedomain/image.png',
            'You can find an audio file attached.']

# 发送邮件
yag.send('receiver@126.com', 'subject', contents)
```

总共四行代码，是不是比上面的例子简单太多了。有了前面的基础，这里的代码就不需要做过多解释了。

如果想给多个用户发送邮件，那么只需把收件人放到一个 list 中即可。

```
...
# 发送邮件
yag.send(['aa@126.com','bb@qq.com','cc@gmail.com'], 'subject', contents)
```

如果想发送带附件的邮件，那么只需指定本地附件的路径即可。

```
...
# 发送邮件
yag.send('aa@126.com', 'subject', contents, ["d://log.txt","d://baidu_img.jpg"])
```

另外，还可以通过 list 指定多个附件。yagmail 库极大地简化了发送邮件的代码。

7.3.3　整合自动发送邮件功能

在学习了如何用 Python 实现发送邮件之后，现在只需将功能集成到自动化测试项目中即可。打开 run_tests.py 文件，修改代码如下。

```python
import time
import unittest
import yagmail
from HTMLTestRunner import HTMLTestRunner

#把测试报告作为附件发送到指定邮箱
def send_mail(report):
    yag = yagmail.SMTP(user="sender@126.com",
                       password="a123456",
                       host='smtp.126.com')
    subject = "主题,自动化测试报告"
    contents = "正文,请查看附件。"
    yag.send('receiver@126.com', subject, contents, report)
    print('email has send out !')


if __name__ == '__main__':
    # 定义测试用例的目录为当前目录
    test_dir = './test_case'
    suit = unittest.defaultTestLoader.discover(test_dir, pattern='test_*.py')

    # 获取当前日期和时间
    now_time = time.strftime("%Y-%m-%d %H_%M_%S")
    html_report = './test_report/' + now_time + 'result.html'
    fp = open(html_report, 'wb')
    # 调用 HTMLTestRunner,运行测试用例
    runner = HTMLTestRunner(stream=fp,
                            title="百度搜索测试报告",
                            description="运行环境:Windows 10, Chrome 浏览器"
                            )
    runner.run(suit)
    fp.close()
    send_mail(html_report)   # 发送报告
```

整个程序的执行过程可以分为两部分:

(1)定义测试报告文件,并赋值给变量 html_report,通过 HTMLTestRunner 运行测试用例,将结果写入文件后关闭。

(2)调用 send_mail()函数,并传入 html_report 文件。在 send_mail()函数中,把测试报告作为邮件的附件发送到指定邮箱。

为什么不把测试报告的内容读取出来作为邮件正文发送呢？因为 HTMLTestRunner 报告在展示时引用了 Bootstrap 样式库，当作为邮件正文"写死"在邮件中时，会导致样式丢失，所以作为附件发送更为合适。附件中的自动化测试报告如图 7-7 所示。

图 7-7　附件中的自动化测试报告

第 8 章

Page Object

Page Object 是 UI 自动化测试项目开发实践的最佳设计模式之一，它的主要特点体现在对界面交互细节的封装上，使测试用例更专注于业务的操作，从而提高测试用例的可维护性。

8.1 认识 Page Object

当为 Web 页面编写测试时，需要操作该 Web 页面上的元素。然而，如果在测试代码中直接操作 Web 页面上的元素，那么这样的代码是极其脆弱的，因为 UI 会经常变动。

Page Object 原理如图 8-1 所示。

page 对象的一个基本经验法则是：凡是人能做的事，page 对象通过软件客户端都能做到。因此，它应当提供一个易于编程的接口，并隐藏窗口中底层的部件。当访问一个文本框时，应该通过一个访问方法（Accessor Method）实现字符串的获取与返回，复选框应当使用布尔值，按钮应当被表示为行为导向的方法名。page 对象应当把在 GUI 控件上所有查询和操作数据的行为封装为方法。

一个好的经验法则是，即使改变具体的元素，page 对象的接口也不应当发生变化。

尽管该术语是 page 对象，但并不意味着需要针对每个页面建立一个这样的对象。例如，页面上有重要意义的元素可以独立为一个 page 对象。经验法则的目的是通过给页面建模，使其对应用程序的使用者变得有意义。

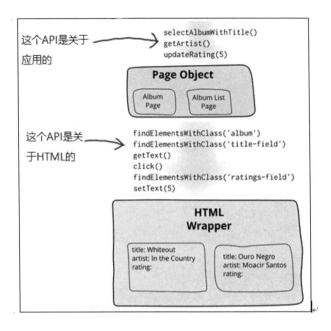

图 8-1　Page Object 原理

Page Object 是一种设计模式，在自动化测试开发中应遵循这种设计模式来编写代码。

Page Object 应该遵循以下原则进行开发：

- Page Object 应该易于使用。
- 有清晰的结构，如 PageObjects 对应页面对象，PageModules 对应页面内容。
- 只写测试内容，不写基础内容。
- 在可能的情况下防止样板代码。
- 不需要自己管理浏览器。
- 在运行时选择浏览器，而不是类级别。
- 不需要直接接触 Selenium。

8.2　实现 Paget Object

下面我们将通过例子介绍这种设计模式的使用。

8.2.1 Paget Object 简单实例

以百度搜索为列，假设我们有如下测试代码。

```
...
def test_baidu_search_case1(self):
    self.driver.get(self.base_url)
    self.driver.find_element_by_id("kw").send_keys("selenium")
    self.driver.find_element_by_id("su").click()

def test_baidu_search_case2(self):
    self.driver.get(self.base_url)
    self.driver.find_element_by_id("kw").send_keys("unittest")
    self.driver.find_element_by_id("su").click()

def test_baidu_search_case3(self):
    self.driver.get(self.base_url)
    self.driver.find_element_by_id("kw").send_keys("page object")
    self.driver.find_element_by_id("su").click()
......
```

这段代码最大的问题就是在三条测试用例中重复使用了元素的定位和操作。这会带来一个很大的问题，当元素的定位发生变化后，例如，id=kw 失效了，应及时调整定位方法，这时就需要在三条测试用例当中分别进行修改。假设，我们的自动化项目有几百条测试用例，而 UI 很可能是频繁变化的，那么就会提高自动化测试用例的维护成本。

Page Object 的设计思想上是把元素定位与元素操作进行分层，这样带的来最直接的好处就是当元素发生变化时，只需维护 page 层的元素定位，而不需要关心在哪些测试用例当中使用了这些元素。在编写测试用例时，也不需要关心元素是如何定位的。

创建 baidu_page.py 文件，内容如下。

```
class BaiduPage():

    def __init__(self, driver):
        self.driver = driver

    def search_input(self, search_key):
        self.driver.find_element_by_id("kw").send_keys(search_key)

    def search_button(self):
```

```
        self.driver.find_element_by_id("su").click()
```

首先，创建 BaiduPage 类，在 __init__()初始化方法中接收参数 driver 并赋值给 self.driver。然后，分别封装 search_input()方法和 search_button()方法，定位并操作元素。这里的封装只针对一个页面中可能会操作到的元素，原则上是一个元素封装成一个方法。当元素的定位方法发生改变时，只需维护这里的方法即可，而不需要关心这个方法被哪些测试用例使用了。

```
from baidu_page import BaiduPage
...
    def test_baidu_search_case1(self):
        self.driver.get(self.base_url)
        bd = BaiduPage(self.driver)
        bd.search_input("selenium")
        bd.search_button()

    def test_baidu_search_case2(self):
        self.driver.get(self.base_url)
        bd = BaiduPage(self.driver)
        bd.search_input("unittest")
        bd.search_button()

    def test_baidu_search_case3(self):
        self.driver.get(self.base_url)
        bd = BaiduPage(self.driver)
        bd.search_input("page object")
        bd.search_button()
...
```

首先在测试中导入 BaiduPage 类，然后在每个测试用例中为 BaiduPage 类传入驱动，这样就可以轻松地使用它封装的方法来设计具体的测试用例了。这样做的目的就是在测试用例中消除元素定位。如果你要操作百度输入框，那么只需调用 search_input()方法并传入搜索关键字即可，并不需要关心百度输入框是如何定位的。

8.2.2 改进 Paget Object 封装

上面的例子演示了 Page Object 设计模式的基本原理，这样的分层确实带来了不少好处，但同时也带来了一些问题。例如，需要写更多的代码。以前一条测试用例只需写 4 到 5 行代码即可，现在却不得不先在 Page 层针对每个待操作的元素进行封装，然后再到具体的测试用例中引用。为了使 Page 层的封装更加方便,我们做一些改进。

创建 base.py 文件,内容如下。

```python
import time

class BasePage:
    """
    基础 Page 层,封装一些常用方法
    """

    def __init__(self, driver):
        self.driver = driver

    # 打开页面
    def open(self, url=None):
        if url is None:
            self.driver.get(self.url)
        else:
            self.driver.get(url)

    # id 定位
    def by_id(self, id_):
        return self.driver.find_element_by_id(id_)

    # name 定位
    def by_name(self, name):
        return self.driver.find_element_by_name(name)

    # class 定位
    def by_class(self, class_name):
        return self.driver.find_element_by_class_name(class_name)

    # XPath 定位
    def by_xpath(self, xpath):
        return self.driver.find_element_by_xpath(xpath)

    # CSS 定位
    def by_css(self, css):
        return self.driver.find_element_by_css_selector(css)

    # 获取 title
    def get_title(self):
```

```
        return self.driver.title

    # 获取页面 text，仅使用 XPath 定位
    def get_text(self, xpath):
        return self.by_xpath(xpath).text

    # 执行 JavaScript 脚本
    def js(self, script):
        self.driver.execute_script(script)
```

创建 BasePage 类作为所有 Page 类的基类，在 BasePage 类中封装一些方法，这些方法是我们在做自动化时经常用到的。

- open()方法用于打开网页，它接收一个 url 参数，默认为 None。如果 url 参数为 None，则默认打开子类中定义的 url。稍后会在子类中定义 url 变量。
- by_id()和 by_name()方法。我们知道，Selenium 提供的元素定位方法很长，这里做了简化，只是为了在子类中使用更加简便。
- get_title()和 get_text()方法。这些方法是在写自动化测试时经常用到的方法，也可以定义在 BasePage 类中。需要注意的是，get_text()方法需要接收元素定位，这里默认为 XPath 定位。

当然，我们还可以根据自己的需求封装更多的方法到 BasePage 类中。

修改 baidu_page.py 文件。

```
from base import BasePage

class BaiduPage(BasePage):
    """百度 Page 层，百度页面封装操作到的元素"""
    url = "https://www.baidu.com"

    def search_input(self, search_key):
        self.by_id("kw").send_keys(search_key)

    def search_button(self):
        self.by_id("su").click()
```

创建 BaiduPage.py 类继承 BasePage 类，定义 url 变量，供父类中的 open()方法使用。这里可能会有点绕，所以举个例子：小明的父亲有一辆电动玩具汽车，电动玩具汽车需要电池才能跑起来，但小明的父亲并没有为电动玩具汽车安装电池。小明继承了父亲的这辆电动玩具汽车，为了让电动玩具汽车跑起来，小明购买了电池。在这个例子中，open()方法

就是"电动玩具汽车",open()方法中使用的 self.url 就是"电池",子类中定义的 url 是为了给父类中的 open()方法使用的。

在 search_input()和 search_button()方法中使用了父类的 self.by_id()方法来定位元素,比原生的 Selenium 方法简短了不少。

在测试用例中,使用 BaiduPage 类及它所继承的父类中的方法。

```python
import unittest
from time import sleep
from selenium import webdriver
from baidu_page import BaiduPage

class TestBaidu(unittest.TestCase):

    @classmethod
    def setUpClass(cls):
        cls.driver = webdriver.Chrome()

    def test_baidu_search_case(self):
        page = BaiduPage(self.driver)
        page.open()
        page.search_input("selenium")
        page.search_button()
        sleep(2)
        self.assertEqual(page.get_title(), "selenium_百度搜索")

    @classmethod
    def tearDownClass(cls):
        cls.driver.quit()

if __name__ == '__main__':
    unittest.main(verbosity=2)
```

因为前面封装了元素的定位,所以在编写测试用例时会方便不少,当需要用到哪个 Page 类时,只需将它传入浏览器驱动,就可以使用该类中提供的方法了。

8.3 poium 测试库

poium 是一个基于 Selenium/appium 的 Page Object 测试库,最大的特点是简化了 Page

层元素的定义。

项目地址：https://github.com/defnngj/poium。

支持 pip 安装。

```
> pip install poium
```

8.3.1 基本使用

使用 poium 重写 baidu_page.py。

```python
from poium import Page, PageElement

class BaiduPage(Page):
    """百度 Page 层，百度页面封装操作到的元素"""
    search_input = PageElement(id_="kw")
    search_button = PageElement(id_="su")
```

创建 BaiduPage 类，使其继承 poium 库中的 Page 类。调用 PageElement 类定义元素定位，并赋值给变量 search_input 和 search_button。这里仅封装元素的定位，并返回元素对象，元素的具体操作仍然在测试用例中完成，这也更加符合 Page Object 的思想，将元素定位与元素操作分层。

在测试用例中的使用如下。

```python
from baidu_page import BaiduPage

class TestBaidu(unittest.TestCase):

    ...

    def test_baidu_search_case1(self):
        page = BaiduPage(self.driver)
        page.get("https://www.baidu.com")
        page.search_input = "selenium"
        page.search_button.click()

    ...
```

首先导入 BiaduPage 类，传入浏览器驱动。然后，调用 get() 方法访问 URL，该方法由 Page 类提供。接下来调用 BaiduPage 类中定义的元素对象，即 search_input 和 search_button，实现相应的输入和单击操作。

8.3.2 更多用法

想要更好地使用 poium，需要了解下面的一些使用技巧。

1. 支持的定位方法

poium 支持 8 种定位方式。

```
from poium import Page, PageElement

class SomePage(Page):
    elem_id = PageElement(id_='id')
    elem_name = PageElement(name='name')
    elem_class = PageElement(class_name='class')
    elem_tag = PageElement(tag='input')
    elem_link_text = PageElement(link_text='this_is_link')
    elem_partial_link_text = PageElement(partial_link_text='is_link')
    elem_xpath = PageElement(xpath='//*[@id="kk"]')
    elem_css = PageElement(css='#id')
```

2. 设置元素超时时间

通过 timeout 参数可设置元素超时时间，默认为 10s。

```
from poium import Page, PageElement

class BaiduPage(Page):
    search_input = PageElement(id_='kw', timeout=5)
    search_button = PageElement(id_='su', timeout=30)
```

3. 设置元素描述

当一个 Page 类中定义的元素非常多时，必须通过注释来增加可读性，这时可以使用 describe 参数。

```
from poium import Page, PageElement

class LoginPage(Page):
    """
    登录 Page 类
    """
    username = PageElement(css='#loginAccount', describe="用户名")
    password = PageElement(css='#loginPwd', describe="密码")
```

```
    login_button = PageElement(css='#login_btn', describe="登录按钮")
    user_info = PageElement(css="a.nav_user_name > span", describe="用户信息")
```

需要强调的是，describe 参数并无实际意义，只是增加了元素定义的可读性。

4．定位一组元素

当我们要定位一组元素时，可以使用 PageElements 类。

```
from poium import Page, PageElement

class ResultPage(Page):
    # 定位一组元素
    search_result = PageElements(xpath="//div/h3/a")
```

poium 极大地简化了 Page 层的定义，除此之外，它还提供了很多的 API，如 PageSelect 类简化了下拉框的处理等。读者可以到 GitHub 项目中查看相关信息。目前，poium 已经在 Web 自动化项目中得到了很好的应用。

第 9 章
pytest 单元测试框架

在学习了 unittest 单元测试框架之后，还有必要学习 pytest 吗？答案是肯定的。pytest 是一个第三方单元测试框架，更加简单、灵活，而且提供了更加丰富的扩展，弥补了 unittest 在做 Web 自动化测试时的一些不足。

9.1 pytest 简单例子

pytest 官方网站：https://docs.pytest.org/en/latest/。

pytest 支持 pip 安装。

```
> pip install pytest
```

通过 pytest 编写一个简单的测试用例，创建 test_sample.py 文件。

```
def inc(x):
    return x + 1

def test_answer():
    assert inc(3) == 5
```

这是官方给出的一个例子。inc()函数接收一个参数 x，返回 x+1。test_answer()为测试用例，调用 inc()方法并传参数为 3，使用 assert 断言返回结果是否为 5。

接下来运行测试，切换到 test_sample.py 文件所在目录，执行"pytest"命令。

```
> pytest
================ test session starts ==================
platform win32 -- Python 3.7.1, pytest-4.3.0, py-1.8.0, pluggy-0.9.0
```

```
rootdir: D:\git\book-code\pytest_sample\first_demo, inifile:
collected 1 item

test_sample.py F                           [100%]

====================== FAILURES ======================
_____ test_answer _____

    def test_answer():
>       assert inc(3) == 5
E       assert 4 == 5
E        +  where 4 = inc(3)

test_sample.py:9: AssertionError
=============== 1 failed in 0.15 seconds ===============
```

"pytest"命令在安装 pytest 测试框架时默认生成于...\Python37\Scripts\目录。

通过上面的例子，相信你已经感受到了 pytest 的优点，它更加简单。首先，不必像 unittest 一样必须创建测试类。其次，使用 assert 断言也比使用 unittest 提供的断言方法更加简单。

不过，它也有自己的规则，即测试文件和测试函数必须以"test"开头。这也是在执行"pytest"命令时并没有指定测试文件也可以执行 test_sample.py 文件的原因，因为该文件名以"test"开头。

能否像 unittest 一样，通过 main()方法执行测试用例呢？当然可以，pytest 同样提供了 main()方法。

```python
import pytest

def inc(x):
    return x + 1

def test_answer():
    assert inc(3) == 5

if __name__ == '__main__':
    pytest.main()
```

main()方法默认执行当前文件中所有以"test"开头的函数。现在可以直接在 IDE 中运行测试了。

9.2 pytest 的基本使用方法

因为我们已经具备了 unittest 的基础,对于单元测试框架中的概念也已经理解,所以在学习 pytest 时要轻松许多,只需对比它与 unittest 之间的不同即可。

9.2.1 断言

在 unittest 单元测试框架中提供了丰富的断言方法,如 assertEqual()、assertIn()、assertTrue()、assertIs()等。pytest 单元测试框架并没有提供专门的断言方法,而是直接使用 Python 的 assert 进行断言。

创建 test_assert.py 文件。

```python
# 功能:用于计算 a 与 b 相加的和
def add(a, b):
    return a + b

# 功能:用于判断素数
def is_prime(n):
    if n <= 1:
        return False
    for i in range(2, n):
        if n % i == 0:
            return False
    return True

# 测试相等
def test_add_1():
    assert add(3, 4) == 7

# 测试不相等
def test_add_2():
    assert add(17, 22) != 50

# 测试大于或等于
def test_add_3():
    assert add(17, 22) <= 50

# 测试小于或等于
def test_add_4():
    assert add(17, 22) >= 38
```

```python
# 测试包含
def test_in():
    a = "hello"
    b = "he"
    assert b in a

# 测试不包含
def test_not_in():
    a = "hello"
    b = "hi"
    assert b not in a

# 判断是否为 True
def test_true_1():
    assert is_prime(13)

# 判断是否为 True
def test_true_2():
    assert is_prime(7) is True

# 判断是否不为 True
def test_true_3():
    assert not is_prime(4)

# 判断是否不为 True
def test_true_4():
    assert is_prime(6) is not True

# 判断是否为 False
def test_false_1():
    assert is_prime(8) is False
```

上面的例子展示了 pytest 断言的用法，借助 Python 的运算符号和关键字即可轻松实现不同数据类型的断言。

9.2.2 Fixture

Fixture 通常用来对测试方法、测试函数、测试类和整个测试文件进行初始化或还原测试环境。创建 test_fixtures_01.py 文件。

```python
# 功能函数
def multiply(a, b):
```

```
        return a * b
# =====Fixture========
def setup_module(module):
    print("setup_module================>")

def teardown_module(module):
    print("teardown_module=============>")

def setup_function(function):
    print("setup_function------>")

def teardown_function(function):
    print("teardown_function--->")

def setup():
    print("setup----->")

def teardown():
    print("teardown-->")

# =====测试用例========
def test_multiply_3_4():
    print('test_numbers_3_4')
    assert multiply(3, 4) == 12

def test_multiply_a_3():
    print('test_strings_a_3')
    assert multiply('a', 3) == 'aaa'
```

这里主要用到模块级别和函数级别的 Fixture。

- setup_module/teardown_module：在当前文件中，在所有测试用例执行之前与之后执行。
- setup_function/teardown_function：在每个测试函数之前与之后执行。
- setup/teardown：在每个测试函数之前与之后执行。这两个方法同样可以作用于类方法。

运行结果如下。

```
> pytest -s test_fixtures_01.py
========================= test session starts =========================
platform win32 -- Python 3.7.1, pytest-4.3.0, py-1.8.0, pluggy-0.9.0
```

```
rootdir: D:\git\book-code\pytest_sample\base_used, inifile:
collected 2 items

test_fixtures_01.py
setup_module================>
setup_function------>
setup----->
test_numbers_3_4
.teardown-->
teardown_function--->
setup_function------>
setup----->
test_strings_a_3
.teardown-->
teardown_function--->
teardown_module=============>

======================== 2 passed in 0.02 seconds ========================
```

pytest 是支持使用测试类的，同样必须以"Test"开头，注意首字母大写。在引入测试类的情况下，Fixture 的用法如下。创建 test_fixtures_02.py 文件。

```python
# 功能函数
def multiply(a, b):
    return a * b

class TestMultiply:
    # =====Fixture========
    @classmethod
    def setup_class(cls):
        print("setup_class=========>")

    @classmethod
    def teardown_class(cls):
        print("teardown_class=========>")

    def setup_method(self, method):
        print("setup_method----->>")

    def teardown_method(self, method):
        print("teardown_method-->>")

    def setup(self):
        print("setup----->")
```

```python
    def teardown(self):
        print("teardown-->")

    # =====测试用例========
    def test_numbers_5_6(self):
        print('test_numbers_5_6')
        assert multiply(5, 6) == 30

    def test_strings_b_2(self):
        print('test_strings_b_2')
        assert multiply('b', 2) == 'bb'
```

这里主要用到类级别和方法级别的 Fixture。

- setup_class/teardown_class：在当前测试类的开始与结束时执行。
- setup_method/teardown_method：在每个测试方法开始与结束时执行。
- setup/teardown：在每个测试方法开始与结束时执行，同样可以作用于测试函数。

运行结果。

```
> pytest -s test_fixtures_02.py
======================== test session starts ========================
platform win32 -- Python 3.7.1, pytest-4.3.0, py-1.8.0, pluggy-0.9.0
rootdir: D:\git\book-code\pytest_sample\base_used, inifile:
collected 2 items

test_fixtures_02.py
setup_class=========>
setup_method----->>
setup----->
test_numbers_5_6
.teardown-->
teardown_method-->>
setup_method----->>
setup----->
test_strings_b_2
.teardown-->
teardown_method-->>
teardown_class=========>

===================== 2 passed in 0.03 seconds =====================
```

9.2.3 参数化

当一组测试用例有固定的测试数据时，就可以通过参数化的方式简化测试用例的编写。pytest 本身是支持参数化的，不需要额外安装插件。创建 test_parameterize.py 文件。

```
import pytest
import math

# pytest 参数化
@pytest.mark.parametrize(
    "base, exponent, expected",
    [(2, 2, 4),
     (2, 3, 8),
     (1, 9, 1),
     (0, 9, 0)],
     ids=["case1", "case2", "case3", "case4"]
    )
def test_pow(base, exponent, expected):
    assert math.pow(base, exponent) == expected
```

用法与 unittest 的参数化插件类似，通过 pytest.mark.parametrize() 方法设置参数。

"base,exponent,expected" 用来定义参数的名称。通过数组定义参数时，每一个元组都是一条测试用例使用的测试数据。ids 参数默认为 None，用于定义测试用例的名称。

math 模块的 pow() 方法用于计算 x^y（x 的 y 次方）的值。

运行结果如下。

```
> pytest -v test_parameterized.py
======================= test session starts ========================
platform win32 -- Python 3.7.1, pytest-4.3.0, py-1.8.0, pluggy-0.9.0 --
c:\python37\python37.exe
cachedir: .pytest_cache
rootdir: D:\git\book-code\pytest_sample\base_used, inifile:
collected 4 items

test_parameterize.py::test_pow[case1] PASSED                  [ 25%]
test_parameterize.py::test_pow[case2] PASSED                  [ 50%]
test_parameterize.py::test_pow[case3] PASSED                  [ 75%]
test_parameterize.py::test_pow[case4] PASSED                  [100%]

==================== 4 passed in 0.14 seconds ======================
```

"-v"参数增加测试用例冗长。不设置 ids 参数的结果如下。

```
test_parameterize.py::test_pow[2-2-4] PASSED                [ 25%]
test_parameterize.py::test_pow[2-3-8] PASSED                [ 50%]
test_parameterize.py::test_pow[1-9-1] PASSED                [ 75%]
test_parameterize.py::test_pow[0-9-0] PASSED                [100%]
```

9.2.4 运行测试

pytest 提供了丰富的参数运行测试用例，在前面的例子中已经使用到一些参数，例如，"-s"参数用于关闭捕捉，从而输出打印信息；"-v"参数用于增加测试用例冗长。

通过"pytest --help"可以查看帮助。

```
> pytest--help
```

pytest 提供的参数比较多，下面只介绍常用的参数。

1. 运行名称中包含某字符串的测试用例

```
> pytest -k add test_assert.py
========================= test session starts =========================
platform win32 -- Python 3.7.1, pytest-4.3.0, py-1.8.0, pluggy-0.9.0
rootdir: D:\git\book-code\pytest_sample\base_used, inifile:
collected 11 items / 7 deselected / 4 selected

test_assert.py ...                                           [100%]

=============== 4 passed, 7 deselected in 0.12 seconds ================
```

在 9.2.1 节的 test_assert.py 文件中，我们写了很多测试用例，其中有 4 条是关于 add() 功能的，并且在测试用例的名称上包含了"add"字符串，因此这里可以通过"-k"来指定在名称中包含"add"的测试用例。

2. 减少测试的运行冗长

```
> pytest -q test_assert.py
....                                                         [100%]
11 passed in 0.03 seconds
```

这一次运行日志少了很多信息，"-q"用来减少测试运行的冗长；也可以使用"--quiet"代替。

3. 如果出现一条测试用例失败，则退出测试

```
> pytest -x test_fail.py
========================= test session starts =========================
platform win32 -- Python 3.7.1, pytest-4.3.0, py-1.8.0, pluggy-0.9.0
rootdir: D:\git\book-code\pytest_sample\base_used, inifile:
collected 2 items

test_fail.py F

=============================== FAILURES ==============================
_____ test_fail _____

    def test_fail():
>       assert (2 + 1) == 4
E       assert (2 + 1) == 4

test_fail.py:5: AssertionError
======================= 1 failed in 0.16 seconds ======================
```

这在测试用例的调试阶段是有用的，当出现一条失败的测试用例时，应该先通过调试让这条测试用例运行通过，而不是继续执行后面的测试用例。

4. 运行测试目录

```
> pytest ./test_dir
========================= test session starts =========================
platform win32 -- Python 3.7.1, pytest-4.3.0, py-1.8.0, pluggy-0.9.0
rootdir: D:\git\book-code\pytest_sample, inifile:
collected 2 items

test_dir\test_file_01.py .                                       [ 50%]
test_dir\test_file_02.py .                                       [100%]

======================= 2 passed in 0.15 seconds ======================
```

测试目录既可以指定相对路径（如./test_dir），也可以指定绝对路径（如D:\pytest_sample\test_dir）。

5. 指定特定类或方法执行

```
> pytest test_fixtures_02.py::TestMultiply::test_numbers_5_6
========================= test session starts =========================
platform win32 -- Python 3.7.1, pytest-4.3.0, py-1.8.0, pluggy-0.9.0
rootdir: D:\git\book-code\pytest_sample\base_used, inifile:
collected 1 item

test_fixtures_02.py .                                           [100%]

====================== 1 passed in 0.05 seconds =======================
```

这里指定运行 test_fixtures_02.py 文件中 TestMultiply 类下的 test_numbers_5_6()方法，文件名、类名和方法名之间用"::"符号分隔。

6. 通过 main()方法运行测试

```
import pytest

if __name__ == '__main__':
    pytest.main(['-s', './test_dir'])
```

创建 run_tests.py 文件，在文件中通过数组指定参数，每个参数为数组中的一个元素。

9.2.5 生成测试报告

pytest 支持生成多种格式的测试报告。

1. 生成 JUnit XML 文件

```
> pytest ./test_dir  --junit-xml=./report/log.xml
```

XML 类型的日志主要用于存放测试结果，方便我们利用里面的数据定制自己的测试报告。XML 格式的测试报告如图 9-1 所示。

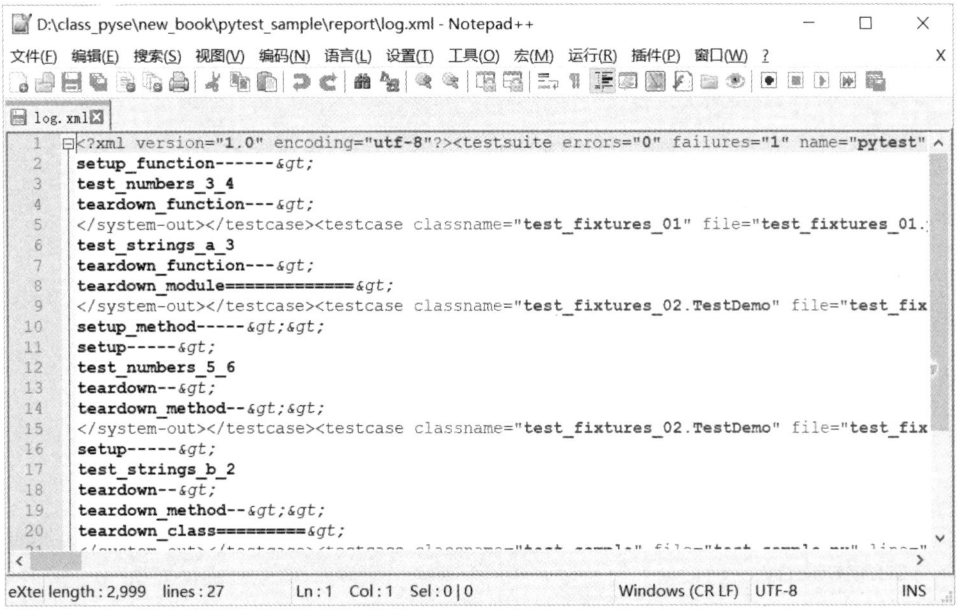

图 9-1　XML 格式的测试报告

2. 生成在线测试报告

```
> pytest ./test_dir --pastebin=all
========================= test session starts =========================
platform win32 -- Python 3.7.1, pytest-4.3.0, py-1.8.0, pluggy-0.9.0 --
c:\python37\python37.exe
rootdir: D:\git\book-code\pytest_sample, inifile:
collected 2 items

test_dir\test_file_01.py .                                       [ 50%]
test_dir\test_file_02.py .                                       [100%]

======================= 2 passed in 0.03 seconds ======================
================== Sending information to Paste Service ===============
pastebin session-log: https://bpaste.net/show/61aabfff6cfd
```

上述代码可生成一个 session-log 链接，复制链接，通过浏览器打开，会得到一张 HTML 格式的测试报告，如图 9-2 所示。

图 9-2　HTML 格式的测试报告

9.2.6　conftest.py

conftest.py 是 pytest 特有的本地测试配置文件，既可以用来设置项目级别的 Fixture，也可以用来导入外部插件，还可以用来指定钩子函数。

创建 test_project/conftest.py 测试配置文件。

```
import pytest

# 设置测试钩子
@pytest.fixture()
def test_url():
    return "http://www.baidu.com"
```

创建 test_project/test_sub.py 测试用例文件。

```
def test_baidu(test_url):
    print(test_url)
```

这里创建的函数可以直接调用 conftest.py 文件中的 test_url() 钩子函数，测试结果如下。

```
> pytest -s -v test_project\
========================= test session starts =========================
platform win32 -- Python 3.7.1, pytest-4.3.0, py-1.8.0, pluggy-0.9.0 --
c:\python37\python37.exe
cachedir: .pytest_cache
rootdir: D:\git\book-code\pytest_sample, inifile:
```

```
collected 1 item

test_project/test_web.py::test_baidu http://www.baidu.com
PASSED

========================= 1 passed in 0.02 seconds =========================
```

需要说明的是，conftest.py 只作用于它所在的目录及子目录。

9.3 pytest 扩展

Pytest 可以扩展非常多的插件来实现各种功能，这里介绍几个对做 Web 自动化测试非常有用的插件。

9.3.1 pytest-html

pytest-html 可以生成 HTML 格式的测试报告。首先，通过 pip 命令安装 pytest-html 扩展。

```
> pip install pytest-html
```

其次，运行测试用例，并生成测试报告。

```
> pytest ./ --html=./report/result.html
```

最后，在 report 目录下打开 result.html，pytest-html 测试报告如图 9-3 所示。

图 9-3　pytest-html 测试报告

pyest-html 还支持测试用例失败的截图，这对于 Web 自动化测试来说非常有用，在 9.4 节详细介绍。

9.3.2 pytest-rerunfailures

pytest-rerunfailures 可以在测试用例失败时进行重试。

```
> pip install pytest-rerunfailures
```

创建 test_ rerunfailures.py。

```
def test_fail_rerun():
    assert 2 + 2 == 5
```

通过"--reruns"参数设置测试用例运行失败后的重试次数。

```
> pytest -v test_rerunfailures.py --reruns 3
============================ test session starts =============================
platform win32 -- Python 3.7.1, pytest-4.3.0, py-1.8.0, pluggy-0.9.0 --
c:\python37\python37.exe
cachedir: .pytest_cache
metadata: {'Python': '3.7.1', 'Platform': 'Windows-10-10.0.17763-SP0',
'Packages': {'pytest': '4.3.0', 'py': '1.8.0', 'pluggy': '0.9.0'}, 'Plugins':
{'rerunfailures': '6.0', 'metadata': '1.8.0', 'html': '1.20.0'}, 'JAVA_HOME':
'D:\\Java\\jdk1.8.0_144'}
rootdir: D:\git\book-code\pytest_sample, inifile:
plugins: rerunfailures-6.0, metadata-1.8.0, html-1.20.0
collected 1 item

test_rerunfailures.py::test_fail_rerun RERUN                           [100%]
test_rerunfailures.py::test_fail_rerun RERUN                           [100%]
test_rerunfailures.py::test_fail_rerun RERUN                           [100%]
test_rerunfailures.py::test_fail_rerun FAILED                          [100%]

================================== FAILURES ==================================
_____ test_fail_rerun _____

    def test_fail_rerun():
>       assert 2 + 2 == 5
E       assert 4 == 5
E         -4
E         +5

test_rerunfailures.py:3: AssertionError
```

```
===================== 1 failed, 3 rerun in 0.10 seconds =====================
```

从运行结果可以看到，在测试用例运行失败后进行了 3 次重试。因为 Web 自动化测试会因为网络等因素导致测试用例运行失败，而重试机制可以增加测试用例的稳定性。

9.3.3 pytest-parallel 扩展

pytest-parallel 扩展可以实现测试用例的并行运行。

```
> pip install pytest-parallel
```

创建 test_parallel.py，在每条测试用例中分别设置 sleep() 来模拟运行时间较长的测试用例。

```
from time import sleep

def test_01():
    sleep(3)

def test_02():
    sleep(5)

def test_03():
    sleep(6)
```

不使用线程运行测试用例。

```
> pytest -q test_parallel.py
...                                                                  [100%]
3 passed in 14.05 seconds
```

参数"--tests-per-worker"用来指定线程数，"auto"表示自动分配。

```
pytest -q test_parallel.py --tests-per-worker auto
pytest-parallel: 1 worker (process), 3 tests per worker (threads)
...                                                                  [100%]
3 passed in 6.02 seconds
```

运行时间由 14.05s 被缩短到 6.02s，因为运行时间最长的测试用例为 6s。

pytest-parallel 的更多用法如下所示。

```
# runs 2 workers with 1 test per worker at a time
> pytest --workers 2
```

```
# runs 4 workers (assuming a quad-core machine) with 1 test per worker
> pytest --workers auto

# runs 1 worker with 4 tests at a time
> pytest --tests-per-worker 4

# runs 1 worker with up to 50 tests at a time
> pytest --tests-per-worker auto

# runs 2 workers with up to 50 tests per worker
> pytest --workers 2 --tests-per-worker auto
```

虽然并行运行测试可以非常有效地缩短测试的运行时间，但是 Web 自动化测试本身非常脆弱，在并行运行测试时很可能会产生相互干扰，从而导致测试用例失败，因此建议谨慎使用。

9.4 构建 Web 自动化测试项目

相比 unittest 单元测试框架，pytest 更适合用来做 UI 自动化测试，它提供了以下功能。

（1）在 unittest 中，浏览器的启动或关闭只能基于测试方法或测试类；pytest 可以通过 conftest.py 文件配置全局浏览器的启动或关闭，整个自动化测试项目的运行只需启动或关闭一次浏览器即可，这将大大节省测试用例执行时间。

（2）测试用例运行失败截图。unittest 本身是不支持该功能的，pytest-html 可以实现测试用例运行失败自动截图，只需在 conftest.py 中做相应的配置即可。

（3）测试用例运行失败重跑。UI 自动化测试的稳定性一直是难题，虽然可以通过元素等待来增加稳定性，但有很多不可控的因素（如网络不稳定）会导致测试用例运行失败，pytest-rerunfailures 可以轻松实现测试用例运行失败重跑。

9.4.1 项目结构介绍

pyautoTest 项目是对基于 pytest 进行 UI 自动化测试实践的总结，在该项目的基础上，可以快速编写自己的自动化测试用例。

GitHub 地址：https://github.com/defnngj/pyautoTest。

1. pyautoTest 项目结构如图 9-4 所示。

图 9-4　pyautoTest 项目结构

- page/：用于存放 page 层的封装。
- test_dir/：测试用例目录。
- test_report/：测试报告目录。
- conftest.py：pytest 配置文件。
- run_tests.py：测试运行文件。

2. 命名与设计规范

（1）对于 page 层的封装存放于 page/目录，命名规范为"xxx_page.py"。

（2）对于测试用例的编写存放于 test_dir/目录，命名规范为"test_xxx.py"。

（3）每一个功能点对应一个测试类，并且以"Test"开头，如"TestLogin""TestSearch"等。

（4）在一个测试类下编写功能点的所有的测试用例，如"test_login_user_null"、"test_login_pawd_null"及"test_login_success"等。

3. 克隆与安装依赖

（1）安装 Git 版本控制工具，将 pyautoTest 项目克隆到本地。

```
> git clone https://github.com/defnngj/pyautoTest
```

（2）通过 pip 命令安装依赖。

```
> pip install -r requirements.txt
```

4. 依赖库说明

- selenium：Web UI 自动化测试。
- pytest：Python 第三方单元测试框架。
- pytest-html：pytest 扩展，生成 HTML 格式的测试报告。
- pytest-rerunfailures：pytest 扩展，实现测试用例运行失败重跑。
- click：命令行工具开发库。
- poium：基于 Selenium/appium 的 Page Object 测试库。

9.4.2 主要代码实现

首先，封装页面 Page 层，创建 page/baidu_page.py 文件。

```
from page_objects import Page, PageElement, PageElements

class BaiduPage(Page):
    search_input = PageElement(id_="kw", describe="搜索框")
    search_button = PageElement(id_="su", describe="搜索按钮")
    settings = PageElement(link_text="设置", describe="设置下拉框")
    search_setting = PageElement(css=".setpref", describe="搜索设置选项")
    save_setting = PageElement(css=".prefpanelgo", describe="保存设置")

    # 定位一组元素
    search_result = PageElements(xpath="//div/h3/a", describe="搜索结果")
```

在第 8 章详细介绍了 poium 测试库的使用方法，基于该测试库可以非常简单地封装页面 Page 层的元素。

其次，编写测试用例，创建 test_dir/test_baidu.py 文件。

```
import sys
from time import sleep
from os.path import dirname, abspath
sys.path.insert(0, dirname(dirname(abspath(__file__))))
from page.baidu_page import BaiduPage


class TestSearch:
    """百度搜索"""
```

```python
def test_baidu_search_case(self, browser, base_url):
    """ 百度搜索：pytest """
    page = BaiduPage(browser)
    page.get(base_url)
    page.search_input = "pytest"
    page.search_button.click()
    sleep(2)
    assert browser.title == "pytest_百度搜索"
```

创建测试 test_baidu_search()函数，接收 browser 和 base_url 钩子函数。这两个函数需要在 conftest.py 文件中定义。接下来，创建测试方法调用 BaiduPage 类，传入 browser 驱动，调用 BaiduPage 类和父类所实现的方法及定义来完成相应的操作。

在测试用例中，可以将注意力集中在测试用例设计本身的操作上，而不需要关心浏览器驱动、访问的 URL 以及测试用例运行失败截图，因为这些都已经在 conftest.py 文件中配置好了。

1. conftest.py 文件之自动化配置

```
...
#############################
# 配置浏览器驱动类型(Chrome/Firefox)
driver = "chrome"

# 配置运行的 URL
url = "https://www.baidu.com"

# 设置失败重跑次数
rerun = "3"

# 运行测试用例的目录或文件
cases_path = "./test_dir/"

#############################
...
```

在不熟悉整个项目配置之前，需要关心以上几个配置，在代码中已经分别加了注释，这里不再说明。

2. conftest.py 文件之浏览器配置

```python
# 配置浏览器驱动类型
driver_type = "chrome"
...

# 启动浏览器
@pytest.fixture(scope='session', autouse=True)
def browser():
    """
    定义全局浏览器驱动
    :return:
    """
    global driver
    global driver_type

    if driver_type == "chrome":
        # 本地 Chrome 浏览器
        driver = webdriver.Chrome()
        driver.set_window_size(1920, 1080)

    elif driver_type == "firefox":
        # 本地 Firefox 浏览器
        driver = webdriver.Firefox()
        driver.set_window_size(1920, 1080)

    elif driver_type == "chrome-headless":
        # chrome headless 模式
        chrome_options = CH_Options()
        chrome_options.add_argument("--headless")
        chrome_options.add_argument('--disable-gpu')
        chrome_options.add_argument("--window-size=1920x1080")
        driver = webdriver.Chrome(chrome_options=chrome_options)

    elif driver_type == "firefox-headless":
        # firefox headless 模式
        firefox_options = FF_Options()
        firefox_options.headless = True
        driver = webdriver.Firefox(firefox_options=firefox_options)

    elif driver_type == "grid":
        # 通过远程节点运行
        driver = Remote(command_executor='http://10.2.16.182:4444/wd/hub',
```

```
                desired_capabilities={
                    "browserName": "chrome",
                })
        driver.set_window_size(1920, 1080)

    else:
        raise NameError("driver 驱动类型定义错误！")

    return driver


# 关闭浏览器
@pytest.fixture(scope="session", autouse=True)
def browser_close():
    yield driver
    driver.quit()
    print("test end!")
```

Selenium 在启动浏览器时会创建一个 session，当通过@pytest.fixture()装饰浏览器开启和关闭函数时，scope 参数需要设置为"session"。browser()函数用于定义浏览器，根据全局变量 driver_type 的定义创建不同的浏览器驱动。browser_close()函数用于实现浏览器的关闭。

3. conftest.py 文件之失败截图配置

```
...

@pytest.mark.hookwrapper
def pytest_runtest_makereport(item):
    """
    用于向测试用例中添加开始时间、内部注释和失败截图等
    :param item:
    """
    pytest_html = item.config.pluginmanager.getplugin('html')
    outcome = yield
    report = outcome.get_result()
    report.description = str(item.function.__doc__)
    extra = getattr(report, 'extra', [])
    if report.when == 'call' or report.when == "setup":
        xfail = hasattr(report, 'wasxfail')
        if (report.skipped and xfail) or (report.failed and not xfail):
            case_path = report.nodeid.replace("::", "_") + ".png"
```

```python
        if "[" in case_path:
            case_name = case_path.split("-")[0] + "].png"
        else:
            case_name = case_path
        capture_screenshot(case_name)
        img_path = "image/" + case_name.split("/")[-1]
        if img_path:
            html = '<div><img src="%s" alt="screenshot" style="width:304px;height:228px;" ' \
                    'onclick="window.open(this.src)" align="right"/></div>' % img_path
            extra.append(pytest_html.extras.html(html))
    report.extra = extra


def capture_screenshot(case_name):
    """
    配置测试用例失败截图路径
    :param case_name: 用例名
    :return:
    """
    global driver
    file_name = case_name.split("/")[-1]
    new_report_dir = new_report_time()
    if new_report_dir is None:
        raise RuntimeError('没有初始化测试目录')
    image_dir = os.path.join(REPORT_DIR, new_report_dir, "image", file_name)
    driver.save_screenshot(image_dir)
...
```

这里的配置会复杂一些，核心参考 pytest-html 文档。pytest_runtest_makereport()钩子函数的主要功能是判断每条测试用例的运行情况，当测试用例错误或失败后会调用 capture_screenshot()函数进行截图，并将测试用例的"文件名+类名+方法名"作为截图的名称，保存于 image/目录中。

pytest-html 会生成一张 HTML 格式的测试报告，那么如何将截图插入 HTML 格式的测试报告中呢？核心就是添加<img>标签，并通过 src 属性指定图片的路径。明白了这一点后，测试用例失败自动截图就很好理解了。

9.4.3 测试用例的运行与测试报告

在整个项目中还有一个关键文件 run_tests.py，它是用来执行整个项目的测试用例的。

```python
...
@click.command()
@click.option('-m', default=None, help='输入运行模式：run 或 debug.')
def run(m):
    if m is None or m == "run":
        print("回归模式，执行完成，生成测试结果")
        now_time = time.strftime("%Y_%m_%d_%H_%M_%S")
        init_env(now_time)
        html_report = os.path.join(REPORT_DIR, now_time, "report.html")
        xml_report = os.path.join(REPORT_DIR, now_time, "junit-xml.xml")
        pytest.main(["-s", "-v", cases_path,
                    "--html=" + html_report,
                    "--junit-xml=" + xml_report,
                    "--self-contained-html",
                    "--reruns", rerun])
    elif m == "debug":
        print("debug 模式运行测试用例：")
        pytest.main(["-v", "-s", cases_path])
    print("运行结束！！")


if __name__ == '__main__':
    run()
```

这里用到了命令行工具开发库 click。click 提供了两种运行模式：run 模式和 debug 模式。不同模式下的 pytest 的执行参数不同。查看帮助如下。

```
> python run_tests.py --help
Usage: run_tests.py [OPTIONS]

Options:
  -m TEXT  输入运行模式：run 或 debug.
  --help   Show this message and exit.
```

> **注意**：不要试图在 IDE 中直接运行 run_tests.py 文件，因为 click 并不允许这么做。请在 Windows 命令符/linux 终端下运行。

运行方式如下。

```
> python run_tests.py -m run
回归模式，执行完成，生成测试结果
=========================== test session starts ===========================
platform win32 -- Python 3.7.1, pytest-4.3.0, py-1.8.0, pluggy-0.9.0 --
C:\Python37\python.exe
cachedir: .pytest_cache
metadata: {'Python': '3.7.1', 'Platform': 'Windows-10-10.0.17134-SP0',
'Packages': {'pytest': '4.3.0', 'py': '1.8.0', 'pluggy': '0.9.0'}, 'Plugins':
{'rerunfailures': '6.0', 'metadata': '1.8.0', 'html': '1.20.0'}}
rootdir: D:/git/pyautoTest, inifile:
plugins: rerunfailures-6.0, metadata-1.8.0, html-1.20.0
collected 5 items

test_dir/test_baidu.py::TestSearch::test_baidu_search_case PASSED
test_dir/test_baidu.py::TestSearch::test_baidu_search[case1] PASSED
test_dir/test_baidu.py::TestSearch::test_baidu_search[case2] PASSED
test_dir/test_baidu.py::TestSearch::test_baidu_search[case3] PASSED
test_dir/test_baidu.py::TestSearchSettings::test_baidu_search_setting test
end!
PASSED

 generated xml file:
D:\git\pyautoTest\test_report\2018_12_27_23_44_56\junit-xml.xml
------- generated html file: D:\git\pyautoTest\test_report\report.html
--------
======================= 5 passed in 22.23 seconds =========================
```

生成的 HTML 测试报告在 test_report 目录下，test_report 目录如图 9-5 所示。当测试用例运行失败时自动截图，并显示在 HTML 测试报告中，HTML 测试报告如图 9-6 所示。

图 9-5　test_report 目录

第 9 章　pytest 单元测试框架 | 175

图 9-6　HTML 测试报告

第 10 章

Selenium Grid

本章介绍 Selenium 家族的另外一位成员——Selenium Grid。它主要用于自动化测试的分布式执行。

10.1　Selenium Grid 介绍

Selenium Grid（以下简称 Grid）分为两个版本：Grid1 和 Grid2，它的两个版本并非完全对应于 Selenium 1 与 Selenium2，因为 Grid2 的出现要晚于 Selenium 2 的发布。Grid 的两个版本的原理和基本工作方式完全相同，但是 Grid2 同时支持 Selenium 1 和 Selenium 2，并且在一些小的功能和易用性上进行了优化，例如指定了测试平台的方式等。

Grid2 不再提供单独的 jar 包，其功能已经集成到 Selenium Server 中，所以，想要使用 Grid2，就需要下载和运行 Selenium Server。

10.1.1　Selenium Server 环境配置

下载、配置和运行 Selenium Server。

1．下载 Selenium Server

下载地址：http://www.seleniumhq.org/download/。

通过浏览器打开页面，找到 Selenium Standalone Server 的介绍部分，单击版本号链接进行下载，得到 selenium-server-standalone-xxx.jar 文件。由于 jar 包是用 Java 语言开发的，所以需要在 Java 环境下才能运行。

2. 配置 Java 环境

Java 下载地址：http://www.oracle.com/technetwork/java/javase/downloads/index.html。

> **小知识**：Java 环境分为 JDK 和 JRE 两种。JDK 的全称为 Java Development Kit，是面向开发人员使用的 SDK，它提供了 Java 的开发环境和运行环境。JRE 的全称为 Java Runtime Environment，是 Java 的运行环境，主要面向 Java 程序的使用者，而不是开发者。

根据操作系统环境选择相应的版本进行下载即可，本书以在 Windows10 下安装 JDK 为例进行介绍。

双击下载的 JDK 启动安装程序，设置安装路径，这里选择安装到 D:\Java\jdk-10.0.2\ 目录下。

安装完成后，设置环境变量，右击"此电脑"，在右键菜单中单击"属性"→"高级系统设置"→"高级"→"环境变量"→"系统变量"，单击"新建（W）..."按钮，添加名为 JAVA_HOME 和 CLASS_PATH 的环境变量。

> 变量名：JAVA_HOME
>
> 变量值：D:\Java\jdk-10.0.2
>
> 变量名：CALSS_PATH
>
> 变量值：.;%JAVA_HOME%\lib\dt.jar;%JAVA_HOME%\lib\tools.jar;

找到"path"变量名，单击"编辑"按钮，追加配置。

> 变量名：Path
>
> 变量值：%JAVA_HOME%\bin;%JAVA_HOME%\jre\bin;

在 Windows 命令提示符下查看 Java 版本。

```
> java -version
java version "10.0.2" 2018-07-17
Java(TM) SE Runtime Environment 18.3 (build 10.0.2+13)
Java HotSpot(TM) 64-Bit Server VM 18.3 (build 10.0.2+13, mixed mode)
```

还可以进一步通过输入"java"和"javac"命令验证。

"java"命令用于运行 class 字节码文件。

"javac"命令可以将 Java 源文件编译为 class 文件。

3．运行 Selenium Server

现在可以通过"java"命令运行 Selenium Server 了。切换到 Selenium Server 所在目录并启动，在 Windows 命令提示符（或 Linux 终端）下启动 Selenium Server。

```
> java -jar selenium-server-standalone-3.141.59.jar
23:54:20.655 INFO [GridLauncherV3.parse] - Selenium server version: 3.141.59, revision: e82be7d358
23:54:20.920 INFO [GridLauncherV3.lambda$buildLaunchers$3] - Launching a standalone Selenium Server on port 4444
2019-03-12 23:54:21.247:INFO::main: Logging initialized @1715ms to org.seleniumhq.jetty9.util.log.StdErrLog
23:54:22.459 INFO [WebDriverServlet.<init>] - Initialising WebDriverServlet
23:54:23.405 INFO [SeleniumServer.boot] - Selenium Server is up and running on port 4444
```

10.1.2 Selenium Grid 工作原理

当测试用例需要验证的环境比较多时，可以通过 Grid 控制测试用例在不同的环境下运行。Grid 主节点可以根据测试用例中指定的平台配置信息把测试用例转发给符合条件的代理节点。例如，测试用例中指定了要在 Linux 上用 Firefox 版本进行测试，那么 Grid 会自动匹配注册信息为 Linux 且安装了 Firefox 的代理节点。如果匹配成功，则转发测试请求；如果匹配失败，则拒绝请求。调用的基本结构如图 10-1 所示。

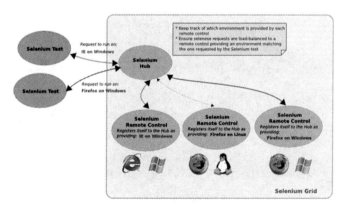

图 10-1 Grid 调用的基本结构

第 10 章 Selenium Grid

Grid 分布式测试的建立是由一个 Hub（主节点）和若干个 node（代理节点）组成的。Hub 用来管理各个 node 的注册和状态信息，接收远程客户端代码的请求调用，把请求的命令转发给 node 来执行。使用 Grid 远程执行测试代码与直接运行 Selenium 是一样的，只是环境启动的方式不一样，需要同时启动一个 Hub 和至少一个 node。

```
> java -jar selenium-server-standalone-x.xx.x.jar -role hub
> java -jar selenium-server-standalone-x.xx.x.jar -role node
```

上面的代码分别启动了一个 Hub 和一个 node，Hub 默认端口号为 4444，node 默认端口号为 5555。如果想在同一台主机上启动多个 node，则需要注意指定不同 node 的端口号，可以通过下面的方式来启动多个 node。

```
> java -jar selenium-server-standalone-x.xx.x.jar -role node -port 5555
> java -jar selenium-server-standalone-x.xx.x.jar -role node -port 5556
> java -jar selenium-server-standalone-x.xx.x.jar -role node -port 5557
```

使用 Grid 启动多个节点如图 10-2 所示。

图 10-2　使用 Grid 启动多个节点

通过浏览器访问 Grid 的控制台，地址为 http://127.0.0.1:4444/grid/console。在控制台查看启动的节点信息，如图 10-3 所示。

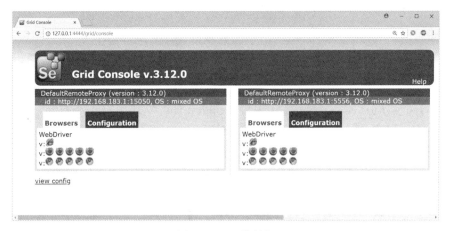

图 10-3　Grid 控制台

现在启动的 Hub 与 node 都在同一台主机上，如果想在其他主机上启动 node，则必须满足以下要求：

- 本地 Hub 所在主机与远程 node 所在主机之间可以用 ping 命令通信。
- 远程主机必须安装 Java 环境，因为需要运行 Selenium Server。
- 远程主机必须安装测试用例需要的浏览器及驱动文件，驱动文件需要设置环境变量。

（1）启动本地 Hub 所在主机（IP 地址为 172.16.10.66）。

```
> java -jar selenium-server-standalone-x.xx.x.jar -role hub
```

（2）启动远程 node 所在主机（IP 地址为 172.16.10.34）。

```
> java -jar selenium-server-standalone-x.xx.x.jar -role node -port 5555 -hub http://172.16.10.66:4444/grid/register
```

设置 node 的端口号为 5555，"-hub"参数指定 Hub 所在主机的 IP 地址为 172.16.10.66。

10.2　Selenium Grid 应用

分析 Selenium 源码可以发现，不同浏览器的 WebDriver 最终都继承了 remote 的

WebDriver 类。

```
...
class WebDriver(object):

    _web_element_cls = WebElement

    def __init__(self, command_executor='http://127.0.0.1:4444/wd/hub',
                 desired_capabilities=None, browser_profile=None, proxy=None,
                 keep_alive=False, file_detector=None, options=None):
    ...
```

该类通过向远程服务器发送命令来控制浏览器。在初始化方法中，command_executor 参数用来指定远程服务器的 URL 或自定义字符串的远程连接，默认为 http://127.0.0.1:4444/wd/hub，4444 为 Grid 的默认监听端口。

10.2.1　Remote 实例

下面通过 Remote 来运行测试用例。首先，通过 Windows 命令提示符（或 Linux 终端）启动一个 Hub 和一个 node。

```
> java -jar selenium-server-standalone-3.12.0.jar -role hub
> java -jar selenium-server-standalone-3.12.0.jar -role node
```

然后，通过 Remote 下面的 WebDriver 类（被重命名为了 Remote 类）来启动浏览器并运行测试。

```
from selenium import webdriver

driver = webdriver.Remote()
driver.get("http://www.baidu.com")

driver.quit()
```

如果在运行上面的代码时抛出 SessionNotCreatedException 异常，则是因为没有指定 desired_capabilities 参数，它用于定义运行的浏览器、版本、平台等信息。

在 Selenium 源代码的 ../selenium/webdriver/common/desired_capabilities.py 文件中定义了不同浏览器的配置。

```
class DesiredCapabilities(object):
```

```
    FIREFOX = {
        "browserName": "firefox",
        "marionette": True,
        "acceptInsecureCerts": True,
    }

    INTERNETEXPLORER = {
        "browserName": "internet explorer",
        "version": "",
        "platform": "WINDOWS",
    }

    EDGE = {
        "browserName": "MicrosoftEdge",
        "version": "",
        "platform": "WINDOWS"
    }

    CHROME = {
        "browserName": "chrome",
        "version": "",
        "platform": "ANY",
    }

    OPERA = {
        "browserName": "opera",
        "version": "",
        "platform": "ANY",
    }
}
...
```

修改测试代码如下。

```
from selenium.webdriver import Remote, DesiredCapabilities

# 引用 Chrome 浏览器配置
driver = Remote(desired_capabilities=DesiredCapabilities.CHROME.copy())
driver.get("http://www.baidu.com")
# ……
driver.quit()
```

这里引用了 DesiredCapabilities 类中 Chrome 浏览器的配置。运行上面的代码即可启动 Chrome 浏览器。

10.2.2　Grid 执行过程

1. 启动 Hub 日志

```
> java -jar selenium-server-standalone-3.12.0.jar -role hub
21:38:37.546 INFO [GridLauncherV3.launch] - Selenium build info: version:
'3.12.0', revision: '7c6e0b3'
21:38:37.561 INFO [GridLauncherV3$2.launch] - Launching Selenium Grid hub on
port 4444
2018-07-28 21:38:37.936:INFO::main: Logging initialized @745ms to
org.seleniumhq.jetty9.util.log.StdErrLog
21:38:38.302 INFO [Hub.start] - Selenium Grid hub is up and running
21:38:38.302 INFO [Hub.start] - Nodes should register to
http://192.168.183.1:4444/grid/register/
21:38:38.302 INFO [Hub.start] - Clients should connect to
http://192.168.183.1:4444/wd/hub
```

Hub 默认会占用本地的 4444 端口号，192.168.183.1 为本机的 IP 地址。

2. 启动 node 日志

```
> java -jar selenium-server-standalone-3.12.0.jar -role node -port 5555
21:46:40.622 INFO [GridLauncherV3.launch] - Selenium build info: version:
'3.12.0', revision: '7c6e0b3'
21:46:40.638 INFO [GridLauncherV3$3.launch] - Launching a Selenium Grid node
on port 5555
2018-07-28 21:46:41.116:INFO::main: Logging initialized @855ms to
org.seleniumhq.jetty9.util.log.StdErrLog
21:46:41.256 INFO [SeleniumServer.boot] - Selenium Server is up and running on
port 5555
21:46:41.256 INFO [GridLauncherV3$3.launch] - Selenium Grid node is up and ready
to register to the hub
21:46:41.381 INFO [SelfRegisteringRemote$1.run] - Starting auto registration
thread. Will try to register every 5000 ms.
21:46:41.381 INFO [SelfRegisteringRemote.registerToHub] - Registering the node
to the hub: http://localhost:4444/grid/register
WARNING: An illegal reflective access operation has occurred
WARNING: Illegal reflective access by
org.openqa.selenium.json.BeanToJsonConverter
(file:/D:/webdriver/selenium-server-standalone-3.12.0.jar) to method
sun.reflect.annotation.AnnotatedTypeFactory$AnnotatedTypeBaseImpl.getDeclar
edAnnotations()
WARNING: Please consider reporting this to the maintainers of
org.openqa.selenium.json.BeanToJsonConverter
```

```
WARNING: Use --illegal-access=warn to enable warnings of further illegal
reflective access operations
WARNING: All illegal access operations will be denied in a future release
21:46:41.748 INFO [SelfRegisteringRemote.registerToHub] - Updating the node
configuration from the hub
21:46:41.779 INFO [SelfRegisteringRemote.registerToHub] - The node is
registered to the hub and ready to use
```

启动 node，并指定其端口号为 5555。如果正常启动，提示 node 已经注册到 Hub 上并准备被使用，则同时在 Hub 上会多出一条提示。

```
> java -jar selenium-server-standalone-3.12.0.jar -role hub
……
21:48:04.155 INFO [DefaultGridRegistry.add] - Registered a node
http://192.168.183.1:5555
```

Hub 确认已经注册了一个本机端口号为 5555 的 node。

3. 执行测试脚本

```
> java -jar selenium-server-standalone-3.12.0.jar -role hub
…
21:52:36.331 INFO [RequestHandler.process] - Got a request to create a new session:
Capabilities {browserName: chrome, version: }
21:52:36.331 INFO [TestSlot.getNewSession] - Trying to create a new session on
test slot {server:CONFIG_UUID=2e7ece6a-f727-47d3-99ab-44394fda0503,
seleniumProtocol=WebDriver, browserName=chrome, maxInstances=5,
platformName=WIN10, platform=WIN10}
```

Hub 获得创建 session 请求，浏览器为 Chrome，版本未指定。

node 新增日志如下。

```
> java -jar selenium-server-standalone-3.12.0.jar -role node -port 5555
…
21:52:36.492 INFO [ActiveSessionFactory.apply] - Capabilities are: Capabilities
{browserName: chrome, version: }
21:52:36.492 INFO [ActiveSessionFactory.lambda$apply$11] - Matched factory
org.openqa.selenium.remote.server.ServicedSession$Factory (provider:
org.openqa.selenium.chrome.ChromeDriverService)
Starting ChromeDriver 2.37.544315 (730aa6a5fdba159ac9f4c1e8cbc59bf1b5ce12b7)
on port 26409
Only local connections are allowed.
21:52:39.080 INFO [ProtocolHandshake.createSession] - Detected dialect: OSS
```

```
21:52:39.291 INFO [RemoteSession$Factory.lambda$performHandshake$0] - Started
new session 7006f516b4251576dbcee28d1089594f
(org.openqa.selenium.chrome.ChromeDriverService)
21:52:40.505 INFO [ActiveSessions$1.onStop] - Removing session
7006f516b4251576dbcee28d1089594f
(org.openqa.selenium.chrome.ChromeDriverService)
```

node 给 ChromeDriver 发送请求，由 ChromeDriver 驱动 Chrome 浏览器启动，并生成 session ID（730aa6a5fdba159ac9f4c1e8cbc59bf1b5ce12b7）。在执行 driver.quit()时，删除该 session ID。

所以，在使用 Grid 之后，整个自动化的执行过程如图 10-4 所示。

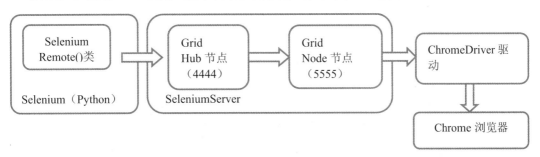

图 10-4　使用 Grid 之后的整个自动化执行过程

10.2.3　创建远程节点

通过 Windows 命令提示符（或在 Linux 终端）启动一个 Hub。

```
> java -jar selenium-server-standalone-3.13.0.jar -role hub
```

远程节点以一台 Ubuntu 主机为例，启动命令如下。

```
> java -jar selenium-server-standalone-3.13.0.jar -role node -hub
http://192.168.183.1:4444/grid/register
```

其中，192.168.183.1 为 Hub 所属主机的 IP 地址。

运行如下脚本。

```python
from selenium.webdriver import Remote, DesiredCapabilities

# 引用 Firefox 浏览器配置
driver = Remote(command_executor='http://192.168.183.1:4444/wd/hub',
                desired_capabilities=DesiredCapabilities.FIREFOX.copy())
```

```
driver.get("http://www.baidu.com")
...
```

command_executor 参数也可以手动指定 Hub。因为 Ubuntu 默认安装了 Firefox 浏览器（需要为对应的浏览器驱动文件设置环境变量），所以在脚本中指定 Firefox 配置后，Hub 会自动分配满足条件的 node 来运行测试，运行效果如图 10-5 所示。

图 10-5　运行效果

第 11 章 Jenkins持续集成

最近几年，持续集成（Continuous Integration，CI）在项目开发中得到了广泛的推广和应用。本章将带领读者一起了解持续集成工具 Jenkins 在自动化测试中的应用。

1. 什么是持续集成

软件集成就是用一种较好的方式，把多种软件的功能集成到一个软件里，或者把软件的各部分组合在一起。如果项目开发的规模较小，且对外部系统的依赖很小，那么软件集成不是问题，如一个人的项目。但是随着软件项目复杂度的增加，对集成和确保软件组件能够在一起工作提出了更高的要求：早集成、常集成。这样才能帮助项目开发者更早地发现项目风险和质量问题，越到后期发现问题，解决问题的成本越高，从而有可能导致项目延期或者项目失败。

2. 持续集成的定义

敏捷大师 Martin Fowler 对持续集成是这样定义的：持续集成是一种软件开发实践，即团队开发成员经常集成他们的工作，通常每个成员每天至少集成一次，也就意味着每天可能会发生多次集成。每次集成都通过自动化构建（包括编译、发布、自动化测试）来验证，从而尽早地发现集成错误。许多团队发现这个过程可以大大减少集成的问题，让团队能够更快地开发内聚的软件。

3. 什么是 Jenkins

提到 Jenkins 就不得不提另一个持续集成工具——Hudson。Hudson 是由 Sun 公司开发的，2010 年 Sun 公司被 Oracle 公司收购，Oracle 公司声称对 Hudson 拥有商标所有权。Jenkins

是从 Hudson 中分离出来的一个版本，将继续走开放源码的道路。二者由不同的团队维护。

Jenkins 是基于 Java 开发的一种持续集成工具，所以，在使用 Jenkins 之前需要配置 Java 环境。关于 Java 环境的配置在第 10 章已有介绍，这里不再重复。

11.1 下载 Tomcat

Tomcat 是针对 Java 的一个开源中间件服务器（容器），基于 Java 的 Web 项目可以通过 Tomcat 运行。官方网站为 http://tomcat.apache.org/，打开后官方网站首页如图 11-1 所示。

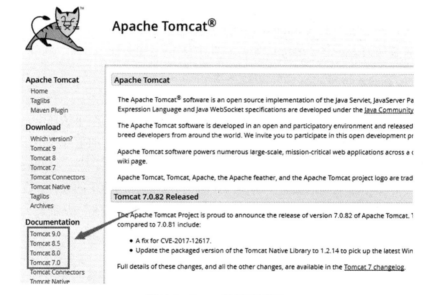

图 11-1　Tomcat 官方网站首页

单击页面左侧的 Tomcat 版本（Tomcat 9.0）进行下载，对下载的压缩包进行解压缩，解压缩后的目录结构如图 11-2 所示。

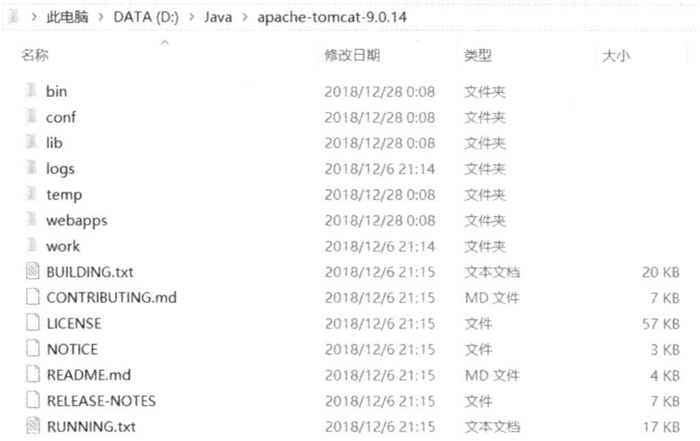

图 11-2 解压缩后的目录结构

通常需要将 Web 项目放到 webapps/目录下。进入 bin/目录，双击 startup.bat 文件，启动 Tomcat 服务器，然后 Web 项目就运行起来了。

11.2　下载 Jenkins

Jenkins 官方网站为 https://jenkins.io/，打开后首页如图 11-3 所示。

图 11-3　Jenkins 官方网站首页

单击"Download"按钮进入下载页面，根据自己的系统下载对应的 Jenkins 版本。这里以 Windows 系统为例，下载对应的版本，解压缩之后得到 jenkins.msi 文件，双击进行安装。

将其安装到 Tomcat 的 webapps 目录下，Jenkins 安装路径如图 11-4 所示。注意：安装路径一定要选择 Tomcat 的 webapps/目录。

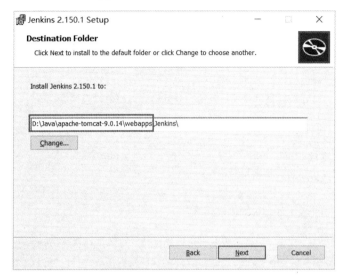

图 11-4　Jenkins 安装路径

11.3　安装配置 Jenkins

Jenkins 安装完成后会自动启动 Tomcat，并通过默认浏览器打开网址 http://localhost:8080/。当然，也可以到 Tomcat 的 bin/目录下手动启动 startup.bat，启动后的界面如图 11-5 所示。

图 11-5　启动后的界面

根据提示，打开 D:\Java\apache-tomcat-9.0.14\webapps\Jenkins\secrets\initialAdminPassword 文件查看密码。将密码填写到"Administrator password"输入框中，单击"Continue"按钮。

根据提示选择需要安装的 Jenkins 插件，如图 11-6 所示。如果不知道会用到什么插件，可以按照默认勾选。

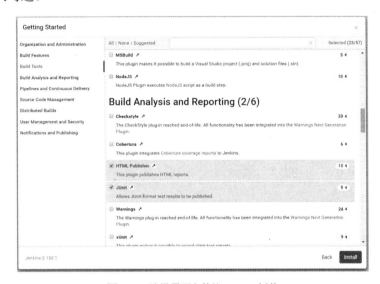

图 11-6　选择需要安装的 Jenkins 插件

单击"Install"按钮，这里一般需要等待一段时间。最后创建管理员账号，如图 11-7 所示。

图 11-7　创建管理员账号

单击"Save and Continue"按钮，Jenkins 首页如图 11-8 所示。

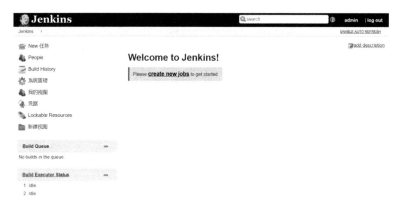

图 11-8　Jenkins 首页

11.4　Jenkins 的基本使用

11.4.1　创建一个构建任务

初次接触 Jenkins 时会感觉比较神秘，为了尽快熟悉 Jenkins，我们先来创建一个简单的任务。

首先，单击 Jenkins 首页左上角的"New 任务"选项，弹出选择 Jenkins 任务类型界面，如图 11-9 所示。

图 11-9　选择 Jenkins 任务类型界面

Jenkins 提供了多种类型的任务，这里选择"构建一个自由风格的软件项目"，输入项目名称"Simple task"，单击"OK"按钮。

跳过前面选项，直接来看 Build（构建）选项，如图 11-10 所示。单击"Add build step"按钮，选择"执行 Window 批处理命令"选项（因为这里使用的是 Windows 系统）。

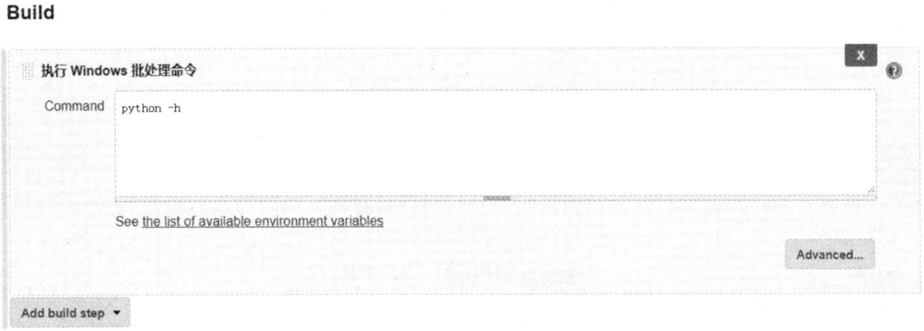

图 11-10　Build 选项

在"Command"输入框中输入"python -h"命令，该命令用于查看 Python 帮助信息。单击"Save"按钮保存任务，完成第一个任务的创建。Simple task 首页如图 11-11 所示。

图 11-11　Simple task 首页

单击"立即构建"选项，"Build History"会显示一次构建记录，"#1"为构建的版本号，单击"#1"链接，进入构建版本信息页面，如图 11-12 所示。

图 11-12 构建版本信息

单击"Console Output"选项,可构建日志,如图 11-13 所示。

图 11-13 构建日志

查看构建日志可以发现,Jenkins 默认的执行目录为

D:\Java\apache-tomcat-9.0.14\webapps\Jenkins\workspace\Simple task

这是 Jenkins 在 Tomcat 下面的安装目录,创建的所有 Jenkins 任务都在这个目录中,Simple task 是名称。"python -h"命令用于查看 Python 命令的帮助信息。

11.4.2 运行 Python 测试

接下来创建 test_sample.py 测试文件，并放到 D 盘根目录。

```python
# add()函数
def add(a, b):
    return a + b


# 测试 add()函数
def test_add():
    assert add(2, 4) == 5
```

回到 Simple task 首页，单击"Configure"选项，重新配置任务，修改构建命令如下。

```
cd D:\
pytest test_sample.py
```

先切换到 D 盘根目录，修改构建命令如图 11-14 所示，通过"pytest"命令运行"test_sample.py"测试文件。

图 11-14　修改构建命令

重新保存任务，再次单击"立即构建"选项，构建日志，如图 11-15 所示。

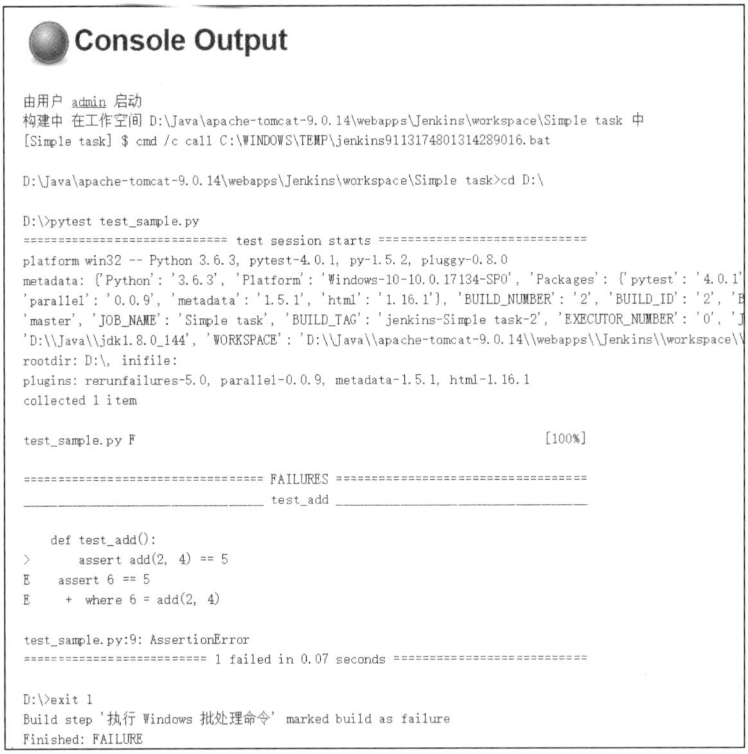

```
Console Output

由用户 admin 启动
构建中 在工作空间 D:\Java\apache-tomcat-9.0.14\webapps\Jenkins\workspace\Simple task 中
[Simple task] $ cmd /c call C:\WINDOWS\TEMP\jenkins9113174801314289016.bat

D:\Java\apache-tomcat-9.0.14\webapps\Jenkins\workspace\Simple task>cd D:\

D:\>pytest test_sample.py
============================ test session starts =============================
platform win32 -- Python 3.6.3, pytest-4.0.1, py-1.5.2, pluggy-0.8.0
metadata: {'Python': '3.6.3', 'Platform': 'Windows-10-10.0.17134-SP0', 'Packages': {'pytest': '4.0.1'
'parallel': '0.0.9', 'metadata': '1.5.1', 'html': '1.16.1'}, 'BUILD_NUMBER': '2', 'BUILD_ID': '2', 'B
'master', 'JOB_NAME': 'Simple task', 'BUILD_TAG': 'jenkins-Simple task-2', 'EXECUTOR_NUMBER': '0', 'J
'D:\\Java\\jdk1.8.0_144', 'WORKSPACE': 'D:\\Java\\apache-tomcat-9.0.14\\webapps\\Jenkins\\workspace\\
rootdir: D:\, inifile:
plugins: rerunfailures-5.0, parallel-0.0.9, metadata-1.5.1, html-1.16.1
collected 1 item

test_sample.py F                                                       [100%]

================================== FAILURES ==================================
__________________________________ test_add __________________________________

    def test_add():
>       assert add(2, 4) == 5
E       assert 6 == 5
E        +  where 6 = add(2, 4)

test_sample.py:9: AssertionError
========================== 1 failed in 0.07 seconds ==========================

D:\>exit 1
Build step '执行 Windows 批处理命令' marked build as failure
Finished: FAILURE
```

图 11-15 构建日志

相信上面的一段日志并不陌生，这是用 pytest 运行测试用例所生成的结果，跟直接在 Windows 命令提示符（cmd）下面运行并无区别。

通过这个例子我们知道，Jenkins 执行构建的基础是运行一组 Windows 批处理/shell 命令。当然，Jenkins 提供的功能远不止于此。

11.4.3 安装插件

在安装 Jenkins 的过程中，为了缩短 Jenkins 的安装时间，有些插件并没有勾选，但后期在使用 Jenkins 的过程中，又需要使用某些插件的功能，这时就需要安装插件。

在 Jenkins 首页，单击右侧的“系统管理”→“插件管理”选项，可以看到插件管理页面，如图 11-16 所示。

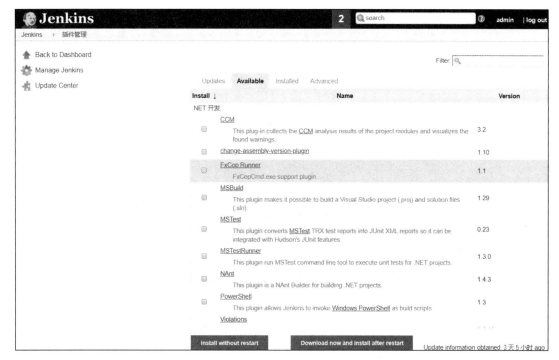

图 11-16　插件管理页面

在这里我们可以安装、更新或卸载插件。

11.5　Selenium 自动化项目配置

以本书 9.4 节的项目（pyautoTest）为例，介绍 UI 自动化测试项目的配置。

11.5.1　配置 Git/GitHub

现在越来越多的项目开始使用 Git 进行代码的版本管理，这里介绍基于 Git/GitHub 的 Jenkins 配置。

第一步，进入 Jenkins 首页，单击"系统管理"→"全局工具配置"选项，找到 Git 选项，如图 11-17 所示。

图 11-17　Git 选项

在"Path to Git executable"选项中填写 Git 可执行文件的本地路径，如 D:\Program Files\Git\bin\git.exe，单击"save"按钮保存配置。

第二步，回到 Simple task 中的配置。

（1）勾选"Github 项目"，填写"项目 URL"（即 GitHub 项目地址），如图 11-18 所示。

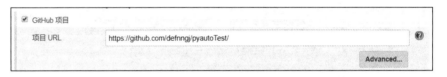

图 11-18　填写"项目地址 URL"

（2）在"Source Code Management"中勾选"Git"选项，如图 11-19 所示。

图 11-19　勾选"Git"选项

Repository URL：填写 GitHub 项目地址。

Branch Specifier (blank for 'any')：设置项目分支，默认为 master 分支。

Repository browser：源码库浏览，默认为 Auto。

（3）在“Source Code Management”中勾选“轮询 SCM”选项，通过轮询的方式检测 Git 仓库的更新，并执行构建任务，如图 11-20 所示。

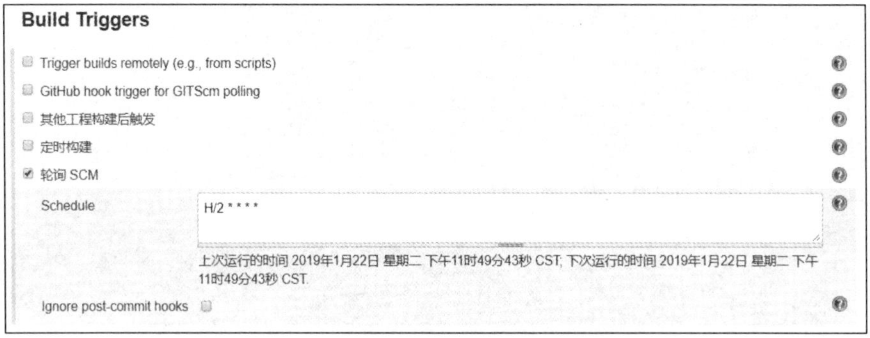

图 11-20　勾选“轮询 SCM”选项

Schedule：设置轮询时间。“H/2 * * * * ”表示每两分钟检查一次项目是否有新提交的代码，如果有，就将新提交的代码拉取到本地。

保存之后，即可向 pyautoTest 项目仓库提交代码，通过 SCM 轮询检查项目更新并拉取代码。

Simple task 首页会多出一个“Git 轮询日志”选项，单击查看 Git 轮询日志，如图 11-21 所示。

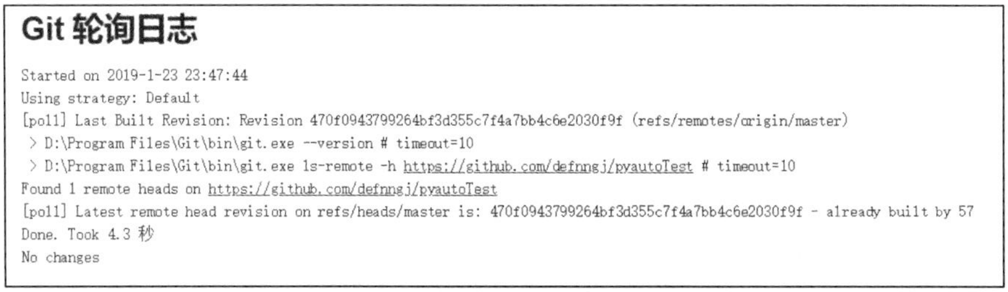

Git 轮询日志

```
Started on 2019-1-23 23:47:44
Using strategy: Default
[poll] Last Built Revision: Revision 470f0943799264bf3d355c7f4a7bb4c6e2030f9f (refs/remotes/origin/master)
 > D:\Program Files\Git\bin\git.exe --version # timeout=10
 > D:\Program Files\Git\bin\git.exe ls-remote -h https://github.com/defnngj/pyautoTest # timeout=10
Found 1 remote heads on https://github.com/defnngj/pyautoTest
[poll] Latest remote head revision on refs/heads/master is: 470f0943799264bf3d355c7f4a7bb4c6e2030f9f - already built by 57
Done. Took 4.3 秒
No changes
```

图 11-21　Git 轮询日志

11.5.2 配置项目运行

通过前面的配置并执行构建，pyautoTest 项目代码已经拉取到 Jenkins 目录（…\Jenkins\workspace\Simple task\），pyautoTest 项目代码如图 11-22 所示。

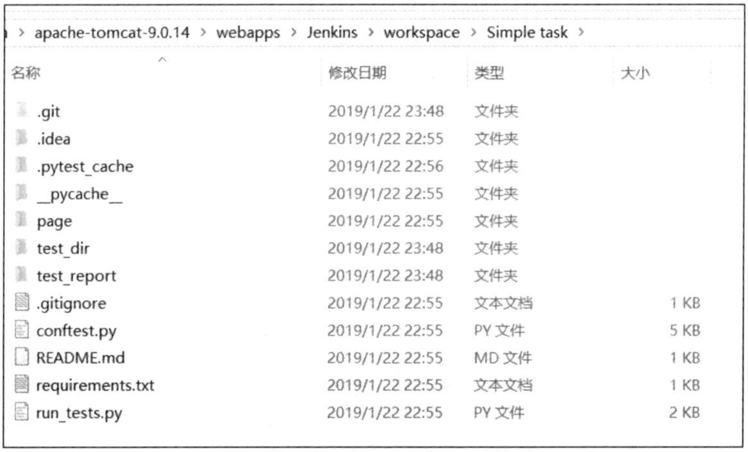

图 11-22　pyautoTest 项目代码

打开 Simple task 首页，单击"Configure"选项，重新配置任务，修改构建命令如下。

```
python run_tests.py
```

运行 run_tests.py 文件，将上面的命令添加到"执行 Windows 批处理命令"中，如图 11-23 所示。

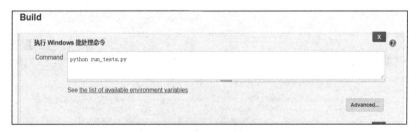

图 11-23　将命令添加到"执行 Windows 批处理命令"中

单击"save"按钮，保存任务并重新执行构建，构建日志如下。

```
D:\Java\apache-tomcat-9.0.14\webapps\Jenkins\workspace\Simple task>python run_tests.py
回归模式，执行完成生成测试结果
```

```
=========================== test session starts
===========================
platform win32 -- Python 3.7.1, pytest-4.3.0, py-1.8.0, pluggy-0.9.0 --
C:\Python37\python.exe
cachedir: .pytest_cache
metadata: {'Python': '3.7.1', 'Platform': 'Windows-10-10.0.17134-SP0',
'Packages': {'pytest': '4.3.0', 'py': '1.8.0', 'pluggy': '0.9.0'}, 'Plugins':
{'rerunfailures': '6.0', 'metadata': '1.8.0', 'html': '1.20.0'}}
rootdir: D:\git\pyautoTest, inifile:
plugins: rerunfailures-5.0, parallel-0.0.9, metadata-1.5.1, html-1.16.1
collecting ... collected 5 items

test_dir/test_baidu.py::TestSearch::test_baidu_search_case PASSED
test_dir/test_baidu.py::TestSearch::test_baidu_search[case1] PASSED
test_dir/test_baidu.py::TestSearch::test_baidu_search[case2] PASSED
test_dir/test_baidu.py::TestSearch::test_baidu_search[case3] PASSED
...
```

通过构建日志可以看到，自动化项目已经通过 Jenkins 被执行了。

11.5.3　配置 HTML 报告

在 pyautoTest 项目中，通过 pytest-html 插件可以生成 HTML 报告，接下来，在 Jenkins 中配置 HTML 报告的查看，再次单击"Configure"选项进行配置。

找到"Build"选项，单击"Add build setup"按钮，勾选"Execute system Groovy script"选项，在"Groovy script"中添加：

```
System.setProperty("hudson.model.DirectoryBrowserSupport.CSP", "")
```

如图 11-24 所示。

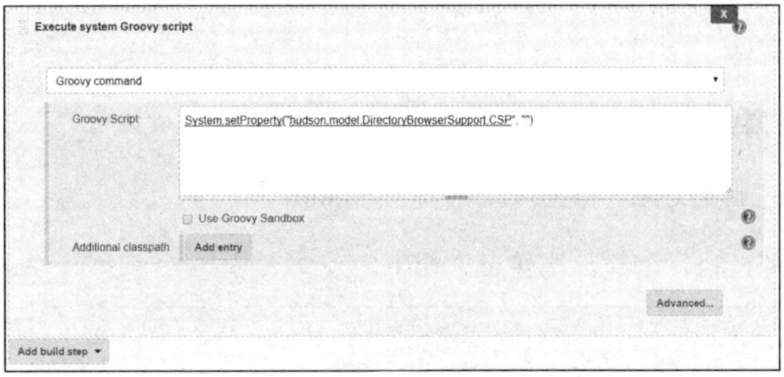

图 11-24　勾选"Execute system Groovy script"

Jenkins 在静态文件头中引入了 Content-Security-Policy，在 Jenkins 中具体为 DirectoryBrowserSupport，它为 Jenkins 的 HTML/JavaScript、用户目录以及文档等设置了非常严格的权限保护。不过，这会导致当通过 Jenkins 查看 HTML 报告时丢失 CSS 样式，执行上面的脚本将清除文件的权限保护。

找到"Post-build Actions"选项，单击"Add post-build action"按钮，配置"Publish HTML reports"，如图 11-25 所示。

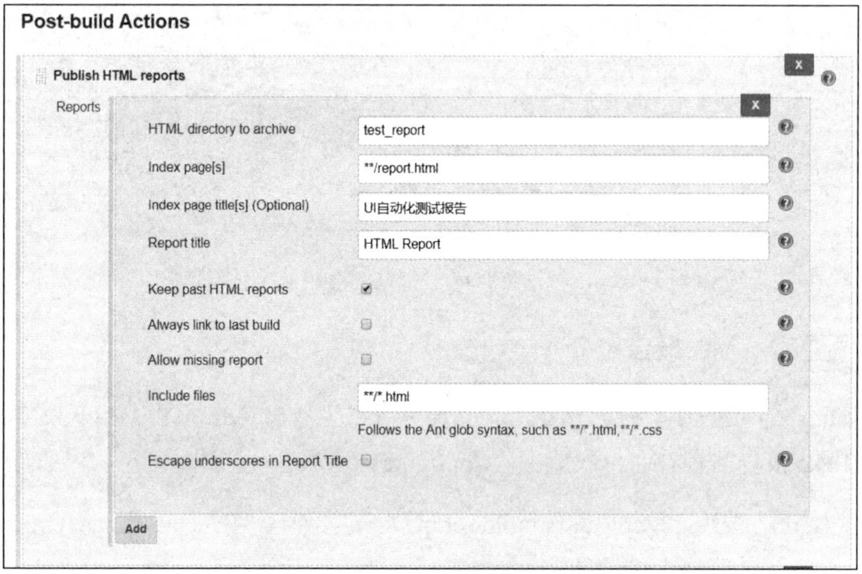

图 11-25　配置"Publish HTML reports"

HTML directory to archive：用于指定测试报告目录，这里设置为 test_report。

Index page[s]：指定测试报告的索引页面，这里配置为**/report.html，表示匹配某目录下的 report.html 文件。

Keep past HTML reports：是否保存旧的 HTML 报告。

Include files：配置文件，根据提示填写**/*.html。

再次保存任务，执行构建，构建日志如下。

```
...
========================= 5 passed in 22.19 seconds =========================
```

```
D:\git\pyautoTest>exit 0
[htmlpublisher] Archiving HTML reports...
[htmlpublisher] Archiving at BUILD level
D:\Java\apache-tomcat-9.0.14\webapps\Jenkins\workspace\Simple
task\test_report to D:\Java\apache-tomcat-9.0.14\webapps\Jenkins\jobs\Simple
task\builds\27\htmlreports\HTML_20Report

Finished: SUCCESS
```

查看 Simple task 首页，可以发现增加了一个 HTML Report 选项，如图 11-26 所示。

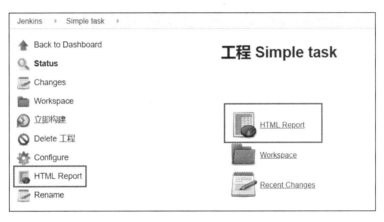

图 11-26　Simple task 首页

单击"HTML Report"选项，可查看历史构建生成的测试报告列表，如图 11-27 所示。

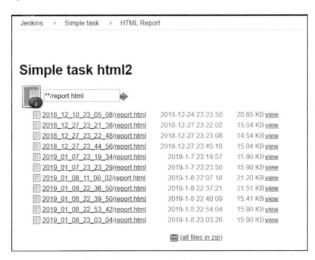

图 11-27　历史构建生成的测试报告列表

根据目录名称（日期时间）选择最新生成的报告链接，单击查看 HTML Report 详情，如图 11-28 所示。

图 11-28　HTML Report 详情

11.5.4　配置构建统计

有时需要直观地查看历史构建情况，这时 pyautoTest 生成的 XML 格式的报告就派上用场了。

单击"Configure"选项，继续进行任务的配置。找到"Post-build Actions"选项，单击"Add post-build action"按钮，配置"Publish JUnit test result report"，如图 11-29 所示。

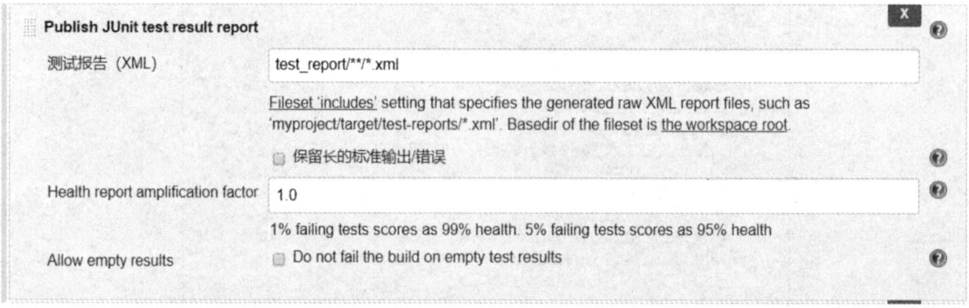

图 11-29　配置"Publish JUnit test result report"

测试报告（XML）：指定测试报告目录下面的 XML 文件，如/test_report/**/*.xml。

重新保存任务并执行构建，XML 报告统计如图 11-30 所示。

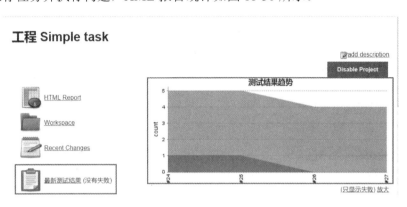

图 11-30　XML 报告统计

页面右侧是"测试结果趋势"，可以帮助我们查看自动化测试的历史运行情况。单击"最新测试结果"，可以查看更详细的 XML 测试报告，如图 11-31 所示。

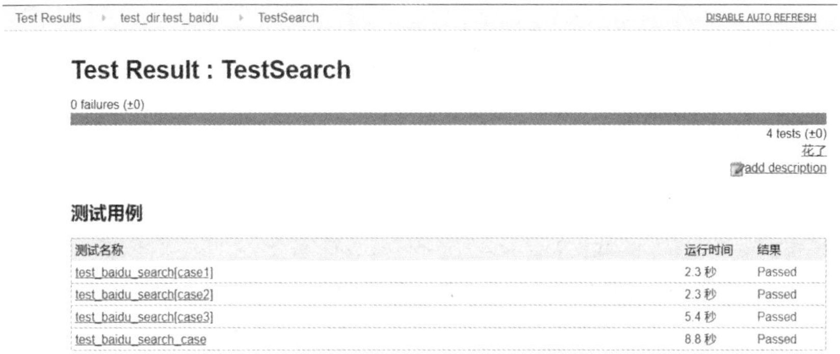

图 11-31　XML 测试报告

11.5.5　配置自动发送邮件

自动发送邮件也是常用功能之一，这里将介绍如何配置自动发送邮件。

第一步，在 Jenkins 首页，单击"系统管理"→"系统设置"选项。

（1）单击"Jenkins Location"选项，配置"System Admin e-mail address"，如图 11-32 所示。

图 11-32　配置"System Admin e-mail address"

Jenkins 将用这个邮箱发送通知邮件，这里必须填写，并且必须与后面的配置保持一致。

（2）单击"Extended E-mail Notification"选项，可以看到配置项较多，但并不是每一项都需要填写，邮箱基本配置如图 11-33 所示。

图 11-33　邮箱基本配置

SMTP server：邮箱 SMTP 服务地址，如 126 邮箱服务地址为 smtp.126.com。

Default user E-mail suffix：邮箱后缀，126 邮箱后缀为@126.com。

Use SMTP Authentication：勾选使用 SMTP 认证。

User Name：发送邮件的用户名。

Password：客户端授权码，并非邮箱登录使用的密码，请自行查找资料设置客户端授权码。

Use SSL：是否使用 SSL 连接 SMTP 服务器，默认勾选。

SMTP port：SMTP 端口，默认为 465。

Charset：字符集，设置为 UTF-8。

Default Content Type：默认邮件内容类型，这里选择 HTML(text/html)。

关于邮箱的配置还有一些选项，可以选择不填，单击"save"按钮保存即可。

第二步，回到 Sample task 任务中的配置，找到"Post-build Actions"选项，单击"Add post-build action"按钮，配置"Editable Email Notification"，如图 11-34 所示。

图 11-34　配置"Editable Email Notification"

Project Recipient List：接收构建结果的邮件列表。

Default Subject：邮件标题，根据 Jenkins 任务填写。

Default Content：邮件正文，配置如下。

```
（本邮件自动下发，请勿回复！）<br/>
构建项目：$PROJECT_NAME <br/>
```

```
构建版本:# $BUILD_NUMBER  <br/>
构建状态:$BUILD_STATUS  <br/>
执行用例数:${TEST_COUNTS}  <br/>
成功用例数:${TEST_COUNTS, var="pass"}  <br/>
失败用例数:${TEST_COUNTS, var="fail"}  <br/>
跳过用例数:${TEST_COUNTS, var="skip"}  <br/>
合计: ${TEST_COUNTS, var="total"} <br/>
Check console output at $BUILD_URL to view the results.
```

这里使用 Jenkins 特定变量配置,邮件会将变量替换为具体的结果。

Attachments:邮件附件,这里可以指定测试报告的目录。

Attach Build Log:附加构建日志。

单击"Advanced Settings…"按钮,更多选项如图 11-35 所示。

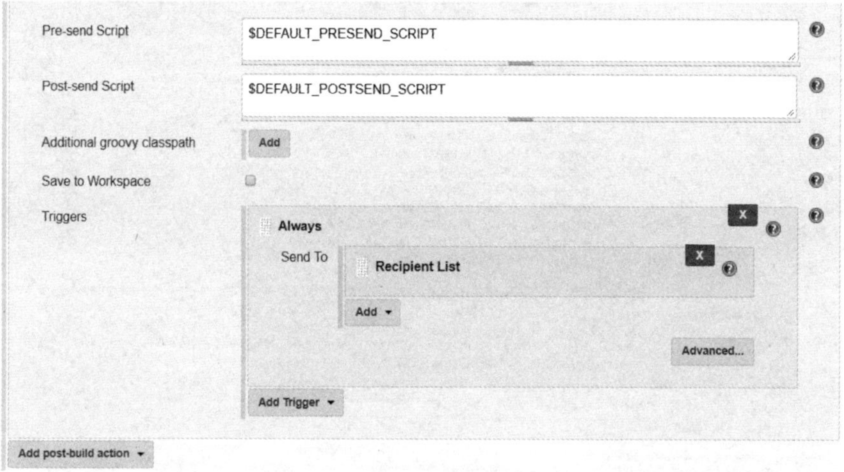

图 11-35 更多选项

Triggers:选择触发邮件发送规则,可以选择每次发送,也可以选择当任务失败时发送。

Send To:指定发送邮件的对象。

保存任务,再次执行任务构建。登录收件箱,可以看到 Jenkins 自动发送的邮件如图 11-36 所示。

图 11-36　Jenkins 自动发送的邮件

通过邮件可以看到本次构建的基本情况，还可以通过附件（build.log）查看构建日志。

至此，自动化项目的 Jenkins 配置已经基本完成。这些配置可以满足以下需求：

（1）编写自动化测试用例并将代码提交到 GitHub 仓库。

（2）Jenkins 通过轮询检测代码是否更新。

（3）拉取最新的测试代码并执行，将执行结果发送到指定邮箱。

（4）同时，通过 Jenkins 也可以查看 HTML 测试报告和历史执行情况。

第 12 章

appium 的介绍与安装

本章介绍一款移动自动化测试工具 appium。appium 目前在移动 UI 自动化领域占有重要地位，不仅支持 Android 和 iOS 两大平台，还支持多种编程，因而得到广泛的应用。

12.1　appium 介绍

12.1.1　移动应用类型

移动应用类型主要分为以下几类，如图 12-1 所示。

- Native App：原生应用。
- Mobile Web App：移动 Web 应用。
- Hybrid App：混合应用。

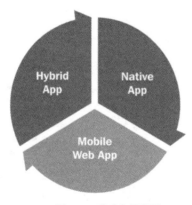

图 12-1　移动应用类型

1. **Native App**

Native App（原生应用）是为特定移动设备或平台开发的应用程序（如 Android、iOS 或 Windows）。例如，iPhone 应用程序是用 Swift 写的，Android 应用程序是用 Java 写的。原生应用的可靠性极高，因为它们使用的是底层系统架构和设备的内置功能。

2. **Mobile Web App**

Mobile Web App（移动应用）是通过移动浏览器访问的应用程序，可以通过内置浏览器轻松访问。例如，iOS 上的 Safari，Android 上的 Chrome。它们主要使用 HTML5、JavaScript 等技术开发，可以提供定制功能。Mobile Web App 基本来自服务器，并且不能在设备的任何地方离线存储。

3. **Hybrid App**

Hybrid App（混合应用）主要使用网络技术（HTML5、CSS 和 JavaScript）开发，但嵌入在 App 中运行，从而感觉它像是原生应用程序。

对于拥有网页的公司来说，混合应用最受青睐。这些公司通常将混合应用作为封装来构建网页。PhoneGap 和 Sencha Touch 等工具可以为用户构建一个混合应用，混合应用可以通过各自的应用程序商店下载。

appium 支持以上三种类型应用（Native App、Mobile Web App 和 Hybrid App）的自动化测试。

12.1.2 appium 的架构

appium 基于客户端/服务器架构。服务器执行给定顺序的动作：

（1）从客户端接收连接并启动会话。

（2）侦听发出的命令。

（3）执行这些命令。

（4）返回命令执行状态。

appium 工作方式如图 12-2 所示。

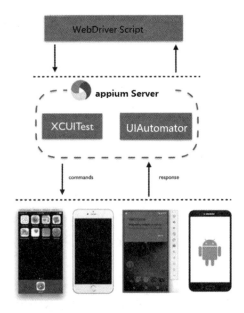

图 12-2　appium 工作方式

1．XCUITest

XCUITest 是苹果公司于 iOS 9.3 版本推出的自动化框架，从 iOS 10 开始，它是唯一的自动化框架。

appium 1.6.0 使用苹果公司的 XCUITest 框架，它支持 iOS 10/Xcode 8。appium 内部使用 Facebook 公司的 WebDriverAgent 项目支持 XCUITest。

Facebook 公司的 WebDriverAgent 项目是一个为 iOS 实现的 WebDriver 服务，用于对连接的设备或模拟器进行远程控制。通过它可以启动应用程序、执行命令（如点击、滚动），或终止应用程序。对于较旧的 iOS 版本（9.3 以下版本），appium 使用 Apple 的 UIAutomation 库，典型用法是在所需功能中传递以下内容：

automationName：XCUITest

UIAutomation 库与移动设备或模拟器内运行的 bootstrap.js 进行通信，执行由 appium 客户端收到的命令。

iOS 平台工作方式如图 12-3 所示。

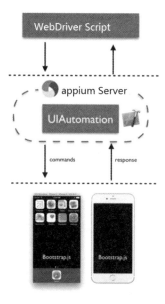

图 12-3　iOS 平台工作方式

2. UIAutomator2

UIAutomator2 是基于 Android 的自动化框架，允许用户构建和运行 UI 测试。appium 使用 Google 公司的 UIAutomator2 在真实设备或模拟器上执行命令。UIAutomator2 是 Google 公司针对 App 设计的 UI 自动化测试框架。典型的用法是在所需的功能中传递以下内容：

automationName：uiautomator2

在 appium 1.6 版本中，appium 为 UIAutomator2 提供支持。appium 使用 appium-android-bootstrap 模块与 UIAutomator2 进行交互。它允许将命令发送到设备，使用 Android 的 UIAutomator2 测试框架在真实设备上执行命令。

当 appium 客户端请求创建新的 AndroidDriver 会话时，appium 客户端会将所需的功能传递给 appium 节点服务器。首先，UIAutomator2 驱动程序模块创建会话。然后，在连接的 Android 设备上安装 UIAutomator2 服务器 apk。接着启动 Netty 服务器。在 Netty 服务启动后，UIAutomator2 服务器在设备上侦听请求并做出响应。

Android 平台工作方式如图 12-4 所示。

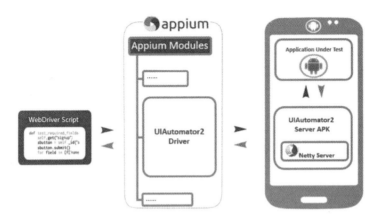

图 12-4　Android 平台工作方式

注意：以上关于 appium 工作方式的介绍摘自 *appium essentials* 一书。

12.1.3　appium 的工作过程

appium 的工作过程如图 12-5 所示。

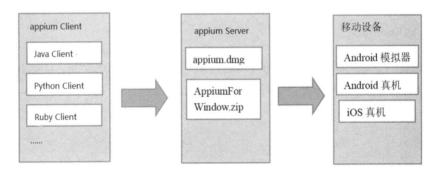

图 12-5　appium 的工作过程

1．appium Client

appium Client 支持多种语言/框架，它针对主流的编程语言分别开发了相应的 appium 测试库，我们可以选择自己熟悉的语言或框架来编写 appium 测试脚本。appium Client 支持的语言/框架如表 12-1 所示。

表 12-1 appium Client 支持的语言/框架

语言/框架	Github 项目地址
ruby	https://github.com/appium/ruby_lib
Python	https://github.com/appium/python-client
Java	https://github.com/appium/java-client
JavaScript (Node.js)	https://github.com/admc/wd
Objective C	https://github.com/appium/selenium-objective-c
PHP	https://github.com/appium/php-client
C# (.NET)	https://github.com/appium/appium-dotnet-driver
Robot Framework	https://github.com/jollychang/robotframework-appiumlibrary

2. appium Server

appium 需要在 PC 上启动一个 Server，监听客户端自动化测试的运行，并将请求发送到对应的移动设备或模拟器中运行。

appium Server 支持 macOS 和 Windows 两大平台。我们可以在不同的平台编写并运行 appium 自动化测试。需要特别说明的是，appium Server 项目已经停止更新，由 appium Desktop 替代。

3. 移动设备

移动设备用于运行 appium 自动化测试的环境，既可以是一台连接到 PC 的手机，也可以是在 PC 上运行的 iOS 模拟器或 Android 模拟器。

12.2 appium 环境搭建

现在，我们对 appium 已经有了初步了解。因为 appium 支持多语言、多平台，而本书不可能把所有组合都演示一遍，所以下面以安装环境为例进行演示。

- 操作系统：Windows 10。
- 被测平台：Android 模拟器。
- appium 服务器：appium Desktop。
- appium 客户端：python-client。

确定了环境以及需要安装的软件后，下面分别进行安装。

12.2.1 Android Studio

我们既可以通过 Android 手机连接 PC 来运行 appium 自动化测试，也可以通过 Android SDK 创建 Android 模拟器来运行 appium 自动化测试。这里需要安装 Android SDK，因为它提供了一些必要的工具，如 adb 可以用于连接 PC 与 Android 手机/模拟器，UIAutomatorViewer 可以帮助定位 Android 元素。

Android SDK（Software Development Kit，软件开发工具包）提供了 Android API 库和开发工具构建，可用来测试和调试应用程序。简单来讲，Android SDK 可以看作用于开发和运行 Android 应用的一个软件。Android SDK 已经不再提供完整的独立的下载，需要通过 Android Studio 安装。

Android Studio 是 Android 应用的集成开发工具，用于开发与调试 Android 应用，是 Google 公司在 IntelliJ IDEA 开源版本基础上开发的。

在安装 Android 开发环境之前，需要先安装 Java 开发环境，参考本书第 10 章。

Android Studio 下载地址：https://developer.android.google.cn/studio。

读者可以根据自己的操作系统下载对应的版本，本书以 Windows 系统为例。双击 Android Studio 安装文件，单击"Next"按钮，勾选"Android Virtual Device"选项，如图 12-6 所示。

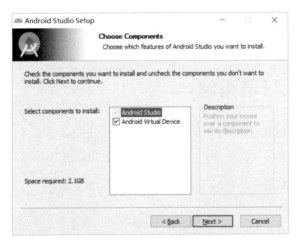

图 12-6 勾选"Android Virtual Device"选项

单击"Next"按钮，选择安装路径，如图 12-7 所示。

第 12 章　appium 的介绍与安装　| 217

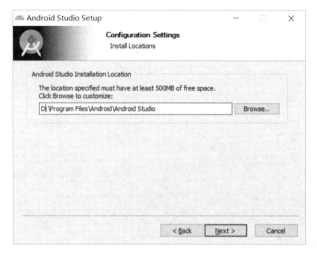

图 12-7　选择安装路径

单击"Next"按钮，直至安装完成。首次启动 Android Studio 时，会弹出提示框，如图 12-8 所示。

图 12-8　提示框

提示 Android Studio 没有检查到 Android SDK，因为我们没有单独安装和配置 Android SDK，所以单击"Cancel"按钮，继续安装。

勾选"Android SDK-（754MB）"和"Android SDK Platform"选项，并通过"Android SDK Location"选项设置 Android SDK 的安装路径。这里设置路径为 D:\android\SDK，如图 12-9 所示。

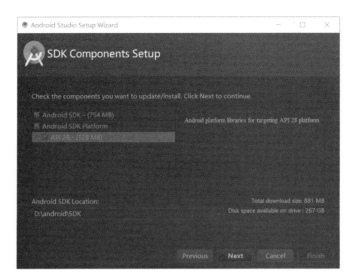

图 12-9　设置 Android SDK 的安装路径

单击"Finish"按钮,开始下载安装 Android SDK,整个安装过程比较漫长,需要等待一段时间。

安装完成后,就可以创建 Android 项目了,如图 12-10 所示。

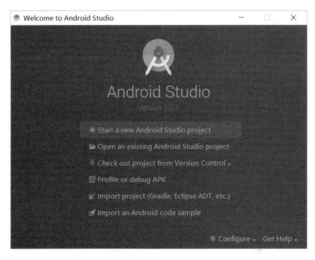

图 12-10　创建 Android 项目

这里省略创建 Android 项目的过程,具体请参考 Android 官方文档 https://developer.android.google.cn/docs/。

12.2.2 Android 模拟器

使用 Android Studio 创建 Android 模拟器。

首先,启动 Android Studio,单击"Create Virtual Device…"按钮,如图 12-11 所示。

图 12-11　单击"Create Virtual Device"按钮

在弹出的页面中,Category 类型选择"Phone",并选择一款 Android 手机型号,如图 12-12 所示。

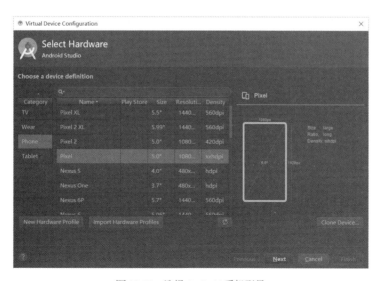

图 12-12　选择 Android 手机型号

单击"Next"按钮，在新页面中设置 Android 模拟器，如图 12-13 所示。

图 12-13　设置 Android 模拟器

AVD Name：为模拟器起一个名字。

Pixel：选择手机型号，屏幕尺寸为 5.0 英寸，分辨率为 1080×1920（单位：像素）。

Nougat：对应 Android 版本 7.0。

Startup orientation：选择模拟器横屏或竖屏显示。

Graphics：选择模拟器中的渲染图形。

Device Frame：是否显示手机外形，建议不勾选。

单击"Finish"按钮，完成 Android 模拟器的创建。

在 Android 模拟器管理列表中，选择创建的 Android 模拟器，在"Actions"一列单击"△"按钮，启动 Android 模拟器。Android 模拟器管理列表如图 12-14 所示。

图 12-14　Android 模拟器管理列表

配置 Android 环境变量。前面在安装 Android SDK 时，设置的路径为 D:\android\SDK。

右击"此电脑"，在右键快捷菜单中单击"属性"→"高级系统设置"→"高级"→"环境变量"→"系统变量"下的"新建"按钮，添加 ANDROID_HOME。

变量名：ANDROID_HOME

变量值：D:\android\SDK

单击"Path"变量名，接着单击"编辑"按钮，追加如下配置。

变量名：path

变量值：;%ANDROID_HOME%\platform-tools;%ANDROID_HOME%\tools;

在 Windows 命令提示符下输入"adb"命令。

```
> adb
Android Debug Bridge version 1.0.40
Version 4797878
Installed as D:\android\SDK\platform-tools\adb.exe

global options:
 -a         listen on all network interfaces, not just localhost
 -d         use USB device (error if multiple devices connected)
 -e         use TCP/IP device (error if multiple TCP/IP devices available)
 -s SERIAL  use device with given serial (overrides $ANDROID_SERIAL)
 -t ID      use device with given transport id
```

```
-H         name of adb server host [default=localhost]
-P         port of adb server [default=5037]
-L SOCKET  listen on given socket for adb server [default=tcp:localhost:5037]
...
```

Android Debug Bridge（ADB）是一种命令行工具，用于在 PC 与 Android 模拟器（或连接的 Android 设备）之间进行通信。该工具集成在 Android SDK 中，默认在 Android SDK 的 platform-tools/目录下。

官方网站：http://adbshell.com/。

12.2.3　appium Desktop

appium 为 C/S 架构，Server（服务器）主要用来监听我们的移动设备，接收 Client（客户端）发来的 JSON 请求，解析后驱动移动设备运行测试用例。

appium Server 扮演着服务器的角色，但在 2015 年停止更新了，由 appium Desktop 替代。

GitHub 地址：https://github.com/appium/appium-desktop

你可以根据自己的平台下载相应的版本。本书以 Windows 为例，选择 appium-Windous-1.13.0.exe 文件进行下载。下载并安装完成后，桌面会生成一个的 appium 图标，appium 启动后界面如图 12-15 所示。

图 12-15　appium 启动后界面

默认显示监控的 Host 和 Port，默认为 0.0.0.0:4723。单击"Start Server v1.10.0"按钮，启动 Server，监听本机的 4723 端口。

12.2.4 Python Client

appium Client 支持多种编程语言，因为本书以 Python 为例，所以这里选择 Python-Client。

通过 pip 命令安装 appium 测试库。

```
> pip install Appium-Python-Client
```

至此，我们的 appium 自动化测试环境就安装完成了。

12.2.5 第一个 appium 测试

下面运行第一个 appium 自动化测试。首先，启动 Android 模拟器，如图 12-16 所示。

图 12-16 启动 Android 模拟器

其次，使用"adb devices"命令检查是否能监听到 Android 模拟器。

```
> adb devices
List of devices attached
emulator-5554   device
```

接下来，启动 appium Desktop，如图 12-17 所示。

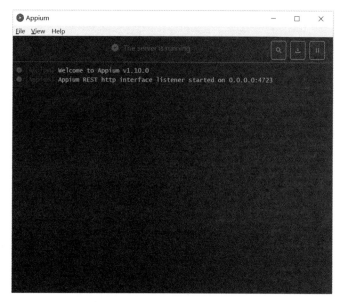

图 12-17　启动 appium Desktop

最后，通过 Python 编写 appium 自动化测试脚本。

```
from appium import webdriver

#定义运行环境
desired_caps = {
    'deviceName': 'Android Emulator',
    'automationName': 'appium',
    'platformName': 'Android',
    'platformVersion': '7.0',
    'appPackage': 'com.android.calculator2',
    'appActivity': '.Calculator',
}
driver = webdriver.Remote('http://localhost:4723/wd/hub', desired_caps)

driver.find_element_by_id("com.android.calculator2:id/digit_1").click()
driver.find_element_by_id("com.android.calculator2:id/op_add").click()
driver.find_element_by_id("com.android.calculator2:id/digit_2").click()
driver.find_element_by_id("com.android.calculator2:id/eq").click()

driver.quit()
```

运行脚本，启动 Android 自带的计算器（Calculator）App，并完成简单的运算。运行情况如图 12-18 所示。

图 12-18　运行情况

第 13 章 appium基础

通过对第 12 章的学习,我们已经完成对 appium 的环境安装,并且还运行了一个计算器的自动化测试脚本,本章详细介绍基于 Python 语言的 appium API 的使用。

13.1 Desired Capabilities

appium 在启动 session 时,需要提供 Desired Capabilities。Desired Capabilities 本质上是字典对象,由客户端生成并发送给服务器(appium Desktop),告诉服务器 App 运行的环境。

Desired Capabilities 的基本配置如下。

```
from appium import webdriver

# 定义 Android 运行环境
desired_caps = {
    'deviceName': 'Android Emulator',
    'automationName': 'appium',
    'platformName': 'Android',
    'platformVersion': '7.0',
    'appPackage': 'com.android.calculator2',
    'appActivity': '.Calculator',
    'noReset': True,
}
driver = webdriver.Remote(command_executor='http://localhost:4723/wd/hub',
                          desired_capabilities=desired_caps)
...
```

Desired Capabilities 的配置说明如下。

- deviceName：启动的设备、真机或模拟器，如 iPhone Simulator、Android Emulator、Galaxy S4 等。
- automationName：使用的自动化引擎，如 appium（默认）或 Selendroid（兼容 Android API 17 以下）。
- platformName：使用的移动平台，如 iOS 或 Android。
- platformVersion：指定平台的系统版本，如 Android 平台，版本为 7.0。
- appPackage：被测试 App 的 Package 名，如 com.example.android.myApp、com.android.settings 等。
- appActivity：被测试 App 的 Activity 名，如 Calculator、MainActivity、.Settings 等。
- noReset：在会话前重置应用状态。当设置为 True 时，会跳过安装指引；默认为 false。

更多的配置说明，请参考官方文档：

https://github.com/appium/appium/blob/master/docs/en/writing-running-appium/caps.md

如何获取 appPackage 和 appActivity？

appium 在启动 App 时必须要设置 appPackage 和 appActivity 两个参数。获取，这两个参数的方式有很多种，最简单的方式是直接询问 App 开发人员。除此之外，我们还可以通过以下两种方式分析出这两个参数。

方式一：通过 adb 工具抓取日志进行分析。

这种方式需要借助 adb 工具。

（1）运行 "adb logcat>D:/log.txt" 命令，将 adb 抓取的日志写入 D:/log.txt 文件。

```
> adb logcat>D:/log.txt
```

（2）在 Android 模拟器或设备中打开要测试的 App，并做一些操作。

（3）按快捷键 Ctrl+c 结束日志的捕捉。

（4）打开 D:/log.txt 文件，搜索 "Displayed" 关键字，查找 App 的 Package 和 Activity。

```
09-01 17:16:31.970  1636  1740 I ActivityManager: Displayed
com.meizu.flyme.flymebbs
/.ui.LoadingActivity: +928ms
```

appPackage:com.meizu.flyme.flymebbs。

appActivity:.ui.LoadingActivity。

方式二:通过 aapt 查看信息。

aapt 即 Android Asset Packaging Tool,在 SDK 的 build-tools 目录下。该工具既可以查看、创建、更新 zip 格式的文档附件(zip、jar、apk),也可以将资源文件编译成二进制文件。

```
> cd D:\android\SDK\build-tools\28.0.2
> aapt dump badging D:\appium\apk\mzbbs\com.meizu.flyme.flymebbs_40000003.apk
package: name='com.meizu.flyme.flymebbs' versionCode='40000003'
versionName='4.0.3' platformBuildVersionName='8.0.0'
sdkVersion:'21'
targetSdkVersion:'26'
…
launchable-activity: name='com.meizu.flyme.flymebbs.ui.LoadingActivity'
label='' icon=''
…
```

从代码中可以看到 App 的 Package 和 Activity。

13.2 控件定位

对 UI 自动化测试来说,关键就是定位元素或控件。不管是 Web 页面,还是移动 App,要想对元素或控件进行单击或输入操作,都要定位元素或控件。

appium 继承了 Selenium 的定位方法,并在其基础上进行了扩展,以适应移动端控件的定位。

appium 扩展的定位方法如下。

- ios_uiautomation:find_element_by_ios_uiautomation()
- ios_predicate:ind_element_by_ios_predicate()
- ios_class_chain:find_element_by_ios_class_chain()
- android_uiautomator:find_element_by_android_uiautomator()
- android_viewtag:find_element_by_android_viewtag()

- android_datamatcher：find_element_by_android_data_matcher()
- accessibility_id：find_element_by_accessibility_id()
- image：find_element_by_image()
- custom：find_element_by_custom()

可以借助 Android SDK 自带的 UI Automator Viewer 工具对 Android 设备式模拟器中的控件进行定位。该工具位于…\tools\bin\目录下的 uiautomatorviewer.bat 文件中可以双击启动，也可以在 Windows 命令提示符下输入"uiautomatorviewer"命令启动。

单击 Device Screenshot 按钮，进入 Android 设备或模拟器的当前界面。UI Automator Viewer 工具如图 13-1 所示。

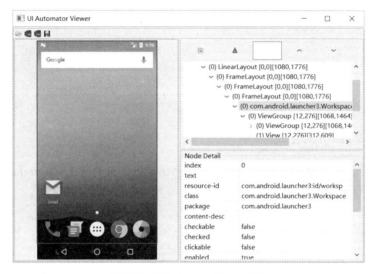

图 13-1　UI Automator Viewer 工具

13.2.1　id 定位

id 定位是使用控件的 resource-id 进行定位的。当 Android 设备或模拟器的 Android 系统 API 版本低于 18 时，UI Automator Viewer 工具无法获取对应的 resource-id。

通过 UI Automator Viewer 工具可以查看 resource-id，如图 13-2 所示。

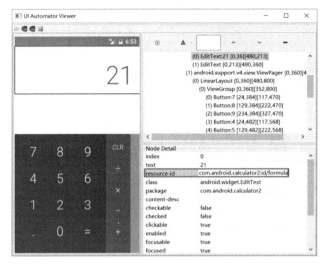

图 13-2　查看 resource-id

resource-id 的使用方法如下。

```
driver.find_element_by_id("com.android.calculator2:id/formula")
```

13.2.2　Class Name 定位

Class Name 定位是使用控件的 class 属性进行定位的,通过 UI Automator Viewer 工具可以查看 class 属性,如图 13-3 所示。

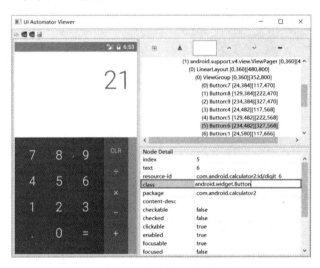

图 13-3　查看 class 属性

计算器界面上的所有按钮的 class 属性都为 android.widget.Button。由此可以看出，该属性的重复性很高。不过，我们可以先定位一组控件，再进一步筛选，从而找到想要操作的控件，使用方法如下。

```
button_list = driver.find_elements_by_class_name("android.widget.Button")
print(len(button_list))

# 打印每个控件的 text 属性
for button in button_list:
    print(button.text)

# 操作某一个元素
button_list[8].click()      # 数字 3
button_list[16].click()     # 加号
button_list[2].click()      # 数字 9
button_list[11].click()     # 等号
```

除非其他方法都无法定位到控件，否则不考虑使用这种方法，因为代码编写和运行效率都比较低。

13.2.3　XPath 定位

在 appium 中，XPath 定位如图 13-4 所示。

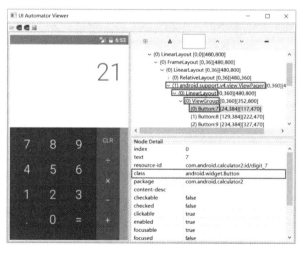

图 13-4　XPath 定位

如果根据 WebDriver 上的 XPath 使用经验，查找层级标签名，那么写出来的路径应该如下。

```
driver.find_element_by_xpath("android.support.v4.view.ViewPager/LinearLayou
t/ViewGroup/Button:7")
```

但是，这是错误的！正确的方式是获取控件的 class 属性，来代替标签名，写法如下。

```
# 定位数字 7
driver.find_element_by_xpath("//android.view.ViewGroup/android.widget.Butto
n")
```

如果出现 class 属性相同的情况，则用控件的属性进一步区分。

```
# 定位数字 7
driver.find_element_by_xpath("//android.widget.Button[contains(@text,'7')]")
# 7
# 定位乘号（×）
driver.find_element_by_xpath("//android.widget.Button[contains(@content-des
c,'times')]")
```

XPath 在 appium 上的用法很强大，不过，需要写更长的定位语法，因为在 App 上，class 属性本身就很长，再加上多层级，结果可想而知。

13.2.4　Accessibility id 定位

该方法属于 appium 扩展的定位方法，它采用一个字符串表示附加到给定元素的可访问 id 或标签，例如，iOS 中的可访问标识符，或 Android 中的内容描述等。

其实，它的核心是找到控件的 contentDescription 属性。Accessibility id 定位如图 13-5 所示。

图 13-5　Accessibility id 定位

在 Android 中，Accessibility id 定位取控件的 content-desc 属性，使用方法如下。

```
driver.find_element_by_accessibility_id("plus")
```

13.2.5　Android uiautomator 定位

该方法属于 appium 的扩展定位方法，并且只支持 Android 平台。

appium 在对 Android 原生应用进行自动化测试时，底层使用的是 UIAutomator2 测试库，在 UIAutomator2 测试库中通过 UiSelector 对象去查找控件。Android uiautomator 可以直接使用 UIAutomator2 的定位方法来查找控件，Android uiautomator 定位如图 13-6 所示。

图 13-6　Android uiautomator 定位

也就是说，一个元素的任意属性都可以通过 Android uiautomator 方法来进行定位，使用方法如下。

```
# text 属性
driver.find_element_by_android_uiautomator('new UiSelector().text("clr")')
driver.find_element_by_android_uiautomator('new UiSelector().text("8")')
driver.find_element_by_android_uiautomator('new UiSelector().text("5")')

# content-desc 属性
driver.find_element_by_android_uiautomator('new UiSelector().description("equals")')
driver.find_element_by_android_uiautomator('new UiSelector().description("plus")')
```

```
# id 属性
driver.find_element_by_android_uiautomator(
    'new UiSelector().resourceId("com.android.calculator2:id/digit_1")')
# class 属性
driver.find_element_by_android_uiautomator(
    'new UiSelector().className("android.widget.Button")')
```

UIAutomator 官方文档: https://developer.android.google.cn/training/testing/ui-automator 。

13.2.6 其他定位

除前面介绍的定位方法外，还有一些定位方法没有介绍具体用法，具体如下。

（1）在 appium 的 Native App 中没有使用的方法如下。

```
driver.find_element_by_name()
driver.find_element_by_tag_name()
driver.find_element_by_link_text()
driver.find_element_by_partial_link_text()
driver.find_element_by_css_selector()
```

这些方法在 Web App 下，或者 Hybrid App 的 WebView 组件下仍然可以使用，用法与 WebDriver 一致。

（2）在 appium 中没有详细介绍的定位方法如下。

```
driver.find_element_by_ios_uiautomation()
driver.find_element_by_ios_predicate()
driver.find_element_by_ios_class_chain()
driver.find_element_by_android_viewtag()
find_element_by_android_data_matcher()
driver.find_element_by_image()
driver.find_element_by_custom()
```

前三个定位方法是针对 iOS 平台控件的，后 4 个方法目前并不常用。本书侧重介绍 Android 平台的控件定位，所以，不再介绍这些定位方法的具体用法。

> **什么是 WebView 组件？**
>
> WebView 可直译为网页视图。Android 内置 WebKit 内核的高性能浏览器，而 WebView 是在此基础上进行封装后的一个组件。我们可以使用 WebView 在 App 中嵌套一个 Web 页面。

13.3 appium 的常用 API

移动端的交互比 Web 端更加丰富,如锁定/解锁、滑屏、摇晃、重启等,appium 在 WebDriver API 的基础上扩展了这些操作。

appium 官方文档:http://appium.io/docs/en/about-appium/intro/。

13.3.1 应用操作

本节主要介绍对应用的操作,如应用的安装、卸载、关闭以及启动等。

(1)安装应用。

方法:

install_app()

安装应用到设备中,需要指定 apk 包的路径。

```
driver.install_app("D:\\android\\apk\\ContactManager.apk")
```

(2)卸载应用。

方法:

remove_app()

从设备中卸载某个指定的应用,需要指定 App 包名。

```
driver.remove_app('com.example.android.apis')
```

(3)关闭应用。

方法:

close_app()

关闭打开的应用,默认关闭当前打开的应用,所以不需要参数。

```
driver.close_app()
```

(4)启动应用。

方法:

launch_app()

在设备上启动所需功能中指定的应用。appium 在运行测试之前需要指定 App 的相关信息并启动。为什么这里又单独提供了一个启动 App 的方法呢？因为该方法可以配合 close_app()方法使用。

```
driver.close_app()
driver.launch_app()
```

（5）检查应用是否已经安装

方法：

is_app_installed()

检查应用是否已经安装，需要指定应用的包名。返回结果为 True 或 False。

```
result = driver.is_app_installed('com.example.android.apis')
print(result)
```

（6）将应用置于后台

方法：

background_app()

将当前应用置于后台，需要指定将应用置于后台的时间，默认时间单位为秒。

```
driver.background_app(10)    # 将应用置于后台 10s
```

（7）应用重置

方法：

reset()

类似于清除应用缓存。

```
driver.reset()
```

13.3.2 上下文操作

什么是上下文？百度百科中的解释如下。

> 上下文是从英文 context 翻译过来的，指的是一种环境。
>
> 在软件工程中，上下文是一种属性的有序序列，它们为驻留在环境内的对象定义环境。在计算机技术中，对进程而言，上下文就是进程执行时的环境，具体来说就是各个变量和数据，包括所有的寄存器变量、进程打开的文件和内存信息等。

这里的上下文主要针对混合应用，它们与 App 原生控件和内嵌 Web 页面上的元素的定位方式不同，所以需要确认当前操作的元素或控件的上下文，以便使用不同的定位策略。

（1）可用上下文。

方法：

contexts

获取当前所有可用上下文。

```
driver.contexts
```

（2）当前上下文。

方法：

current_context

获取当前可用上下文。

```
driver.current_context
```

（3）切换上下文。

方法：

switch_to.context()

切换到指定上下文。

```
driver.switch_to.context('NATIVE_APP')
driver.switch_to.context('WEBVIEW_1')
```

13.3.3 键盘操作

（1）输入字符串

方法：

send_keys()

模拟输入字符串。

```
driver.find_element_by_name("Name").send_keys("jack")
```

（2）模拟按键

方法：

keyevent()

发送一个键码的操作，即一次只能输入一个字符。

```
# 输入数字 "186"
driver.keyevent(1)    # 1
driver.keyevent(15)   # 8
driver.keyevent(13)   # 6

# 输入字符串 "HELLO"
driver.keyevent(36)   # H
driver.keyevent(33)   # E
driver.keyevent(40)   # L
driver.keyevent(40)   # L
driver.keyevent(43)   # O
```

将光标定位到某输入框，自动调出系统键盘，执行 keyevent() 方法。另外，还需要知道每个字符的编号。

更多信息请参考 https://developer.android.google.cn/reference/android/view/KeyEvent。

13.3.4 触摸操作

TouchAction 类提供了一组实现触摸动作的方法。

（1）单击控件。

方法：

tap()

对一个控件或坐标点（x,y）执行单击操作。

tap(self, element=None, x=None, y=None, count=1)

tap()方法中有一个 count 参数，用于设置控件的单击次数，默认为 1 次。

```
from appium.webdriver.common.touch_action import TouchAction
...
# 单击控件
el = driver.find_element_by_android_uiautomator('text("Name")')
TouchAction(driver).tap(el).release().perform()
TouchAction(driver).tap(x=0, y=308).perform()
TouchAction(driver).tap(el, count=2).perform()
```

perfrom()方法通过将命令发送到要操作的服务器来执行操作。

（2）长按控件。

方法：

long_press()

长按一个控件或坐标点（x,y）。

long_press(self, el=None, x=None, y=None, duration=1000)

long_press()方法中有一个 duration 参数，用来控制按压的时间。duration 以毫秒为单位，其用法与 tap()方法相同。

```
#长按控件
el = driver.find_element_by_android_uiautomator('text("Name")')
TouchAction(driver).long_press(el).perform()
TouchAction(driver).long_press(x=0, y=308).perform()
TouchAction(driver).long_press(el, duration=2000).perform()
```

（3）移动。

方法：

move_to()

将光标移动到新的元素或坐标点（x,y）。

```
move_to(self, el=None, x=None, y=None)
# 移动光标到新的元素或坐标点
el = driver.find_element_by_android_uiautomator('text("Name")')
TouchAction(driver).move_to(el).perform()
TouchAction(driver).move_to(x=0,y=308).perform()
```

（4）暂停

方法：

wait()

暂停脚本的执行。

wait(self, ms=0)

ms 参数表示时间，单位为毫秒。

```
# 暂停
TouchAction(driver).wait(1000).perform()
TouchAction(driver).wait(5000).perform()
```

appium 不仅可以执行一个动作，还可以同时执行多个动作，形成动作链，以模拟多指动作。appium 是通过构建一个 MultiAction 对象来实现执行多个动作的，该对象包含多个单独的 TouchAction 对象，每个"手指"对应一个。

```
from appium.webdriver.common.multi_action import MultiAction
from appium.webdriver.common.touch_action import TouchAction
...
# 执行动作链
els = driver.find_elements_by_class_name('listView')
a1 = TouchAction()
a1.press(els[0])\
    .move_to(x=10, y=0)\
    .move_to(x=10, y=-75)\
    .move_to(x=10, y=-600)\
    .release()

a2 = TouchAction()
a2.press(els[1]) \
    .move_to(x=10, y=10)\
    .move_to(x=10, y=-300)\
    .move_to(x=10, y=-600)\
    .release()
```

```
ma = MultiAction(driver, els[0])
ma.add(a1, a2)
ma.perform()
```

13.3.5 特有操作

appium 还提供了一些针对移动设备的特有操作。

(1) 熄屏。

方法：

lock()

单击电源键熄灭屏幕。

lock(self, seconds=None)

seconds 参数表示时间，单位为秒，默认为 None。

```
driver.lock(seconds=3)    # 熄屏 3s
```

(2) 获取当前 package。

方法：

current_package

获取当前 App 的包名（package），仅支持 Android。

```
package = driver.current_package
print(package)
```

(3) 获取当前 activity。

方法：

current_activity

获取当前 App 的 activity，仅支持 Android。

```
activity = driver.current_activity
print(activity)
```

(4)收起虚拟键盘。

方法:

hide_keyboard()

当需要在 App 中进行输入操作时需要调出虚拟键盘,它会占用大约三分之一屏幕,在输入完成后,可以使用该方法收起虚拟键盘。

```
driver.hide_keyboard()    # 收起虚拟键盘
```

(5)获取屏幕宽高。

方法:

get_window_size()

当需要通过坐标(x,y)对屏幕进行操作时,就需要获取屏幕的宽高。

```
windows = driver.get_window_size()
print(windows["width"])
print(windows["height"])
```

(6)拉取文件。

方法:

pull_file()

从真机或模拟器中拉取文件。

pull_file(self, path)

path 参数指定文件的路径。

```
driver.pull_file('Library/AddressBook/AddressBook.sqlitedb')
```

(7)推送文件。

方法:

driver.push_file()

推送文件到设备中。

push_file(self, path, base64data)

path 参数指定 PC 中的文件路径，base64data 参数指定写入文件的内容的编码为 base64。

```
data = "some data for the file"
path = "/data/local/tmp/file.txt"
driver.push_file(path, data.encode('base64'))
```

13.4　appium Desktop

appium Desktop 除作为 Server 角色外，还提供元素定位和脚本录制功能。

13.4.1　准备工作

首先，启动 Android 模拟器或真机。然后，启动 appium Desktop。appium Desktop 如图 13-7 所示。

图 13-7　appium Desktop

单击右上角放大镜按钮，创建 Session 界面，如图 13-8 所示。

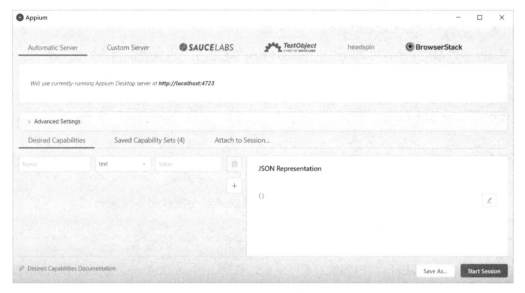

图 13-8 Session 界面

单击 Desired Capabilities 选项，显示 Desired Capabilities 界面如图 13-9 所示。appium desktop 既支持选项（左侧）的填写，也支持 JSON 格式（右侧）的填写。

图 13-9 设置 Desired Capabilities 界面

```
desired_caps = {
    'deviceName': 'Android Emulator',
    'automationName': 'Appium',
    'platformName': 'Android',
    'platformVersion': '7.0',
    'appPackage': 'com.android.calculator2',
    'appActivity': '.Calculator',
}
```

为了下次启动时不再填写，这里单击"Save As"按钮，为 Desired Capabilities 配置命名并保存，如图 13-10 所示。

图 13-10　为 Desired Capabilities 配置命名

当下次使用时，只需在"Saved Capability Sets"标签中选择即可。

单击图 13-9 中右下角的"Start Session"按钮，经过几秒钟的等待，即可打开获取的 App 界面，如图 13-11 所示。

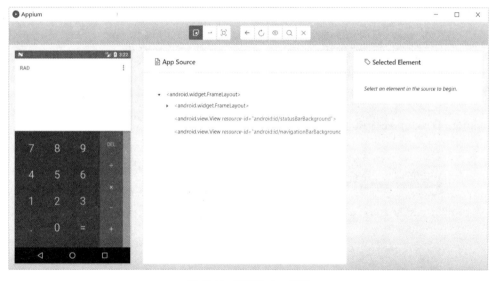

图 13-11　获取的 App 界面

13.4.2　控件定位

appium Desktop 可查看控件定位信息，如图 13-12 所示。

图 13-12　查看控件定位信息

整个界面分为三部分：

（1）左侧显示 App 的当前界面，可以在上面单击需要定位的控件，使其处于选中状态。

（2）中间显示 App 的布局结构，即根据左侧选择的控件，显示当前控件的布局结构。

（3）右侧显示选中控件的定位建议（id、xpath），同时提供 Tap、Send Keys、Clear 操作，而且还列出了控件的所有属性。

13.4.3　脚本录制

appium Desktop 还提供了脚本录制功能，录制脚本界面如图 13-13 所示。

图 13-13　录制脚本界面

录制脚本操作步骤如下。

（1）单击"Top By Coordinates"按钮，表示用坐标的方式来定位元素。

（2）单击"Start Recording"按钮，表示处于录制状态。

（3）在左侧的 App 界面上对控件进行单击操作，即可自动生成脚本。

appium Desktop 同时支持不同语言或框架的脚本生成，如 JS、Java、Python、Ruby、Robot Framework 等，这里选择 Python，如图 13-14 所示。

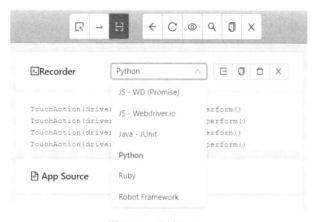

图 13-14　选择 Python

语言选择框右侧提供了四个按钮，分别为（Show/Hide Boilerplate Code）、（Copy Code to Clipboard）、（Clear Actions）和（Close Recorder）。

- Show/Hide Boilerplate Code：显示/隐藏样板代码，单击会显示完整的脚本代码。
- Copy Code to Clipboard：复制代码到剪切板。
- Clear Actions：清除录制的脚本。
- Close Recorder：关闭录制。

首先单击"Show/Hide Boilerplate Code"按钮，然后单击"Copy Code to Clipboard"按钮，复制代码。

```
# This sample code uses the Appium python client
# pip install Appium-Python-Client
# Then you can paste this into a file and simply run with Python

from appium import webdriver
```

```
caps = {}
caps["deviceName"] = "Android Emulator"
caps["automationName"] = "Appium"
caps["platformName"] = "Android"
caps["platformVersion"] = "7.0"
caps["appPackage"] = "com.android.calculator2"
caps["appActivity"] = ".Calculator"

driver = webdriver.Remote("http://localhost:4723/wd/hub", caps)

TouchAction(driver).tap(x=154, y=1342).perform()
TouchAction(driver).tap(x=889, y=1603).perform()
TouchAction(driver).tap(x=386, y=1346).perform()
TouchAction(driver).tap(x=623, y=1587).perform()

driver.quit()
```

读者可以将上述测试代码复制到编辑器中运行，通过 appium Desktop 或 App 提供的功能降低 appium 的学习门槛，它可以快速辅助生成定位脚本和测试脚本。

官网说明，该功能只能作为学习的工具，不能作为代码生成器。细心查看脚本可以发现，appium Desktop 生成的控件定位是坐标形式的，我们知道，坐标定位并不可靠，因为它会受屏幕大小和分辨率的影响。

第 14 章 appium测试实例

本章通过一些例子,结合前面所学的自动化测试技术,演示不同类型的 App 的测试。

14.1 appium 应用测试

本节介绍原生应用、移动 Web 应用和混合应用的测试实例。

14.1.1 原生应用测试

原生应用是指由 Android 框架开发的应用,这里以 Android 系统自带的通讯录为例,添加联系人界面如图 14-1 所示。

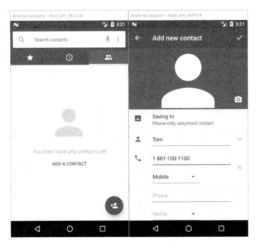

图 14-1 添加联系人界面

编写测试脚本。

```
"""
原生应用测试
"""
from appium import webdriver
from appium.webdriver.common.touch_action import TouchAction

caps = {}
caps["deviceName"] = "Android Emulator"
caps["automationName"] = "Appium"
caps["platformName"] = "Android"
caps["platformVersion"] = "7.0"
caps["appPackage"] = "com.android.contacts"
caps["appActivity"] = ".activities.PeopleActivity"
caps["noReset"] = True

driver = webdriver.Remote("http://localhost:4723/wd/hub", caps)

# 单击添加按钮
TouchAction(driver).tap(x=942, y=1635).perform()

# 输入联系人信息
driver.find_element_by_android_uiautomator('text("Name")').send_keys("Tom")
driver.find_element_by_android_uiautomator('text("Phone")').send_keys("1861
1001100");

# 保存联系人
driver.find_element_by_id("com.android.contacts:id/menu_save").click()

driver.quit()
```

14.1.2 移动 Web 应用测试

移动 Web 应用通过移动浏览器访问 Web 页面。由于移动设备屏幕尺寸有很多个,所以针对移动设备的 Web 页面会做单独的设计,当然,有一些前端页面可以很好地自适应。

移动浏览器界面如图 14-2 所示。

图 14-2 移动浏览器界面

编写测试脚本。

```
"""
移动 Web 应用测试
"""
from appium import webdriver
from time import sleep

caps = {}
caps["deviceName"] = "Android Emulator"
caps["automationName"] = "appium"
caps["platformName"] = "Android"
caps["platformVersion"] = "7.0"
caps["browserName"] = "Chrome"

driver = webdriver.Remote("http://localhost:4723/wd/hub", caps)

driver.get("https://m.baidu.com")

driver.find_element_by_id("index-kw").send_keys("appium mobile web")
driver.find_element_by_id("index-bn").click()
sleep(5)

driver.quit()
```

移动 Web 应用测试相对来说要简单一些，只需指定 browserName 为"Chrome"即可。

关于页面元素的定位，可以在 PC 端的 Chrome 浏览器中访问移动页面（https://m.baidu.com），使用开发者工具查看元素属性。Chrome 浏览器查看移动页面如图 14-3 所示。

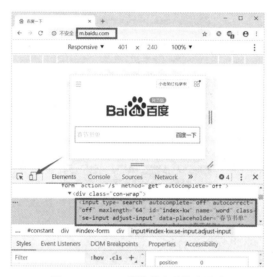

图 14-3　Chrome 浏览器查看移动页面

需要注意的是，不同 Android 版本的默认浏览器（Chrome）使用的 ChromeDriver 驱动版本是不一样的，以笔者使用的 Android 7.0 为例，默认的 Chrome 为 51，支持的 ChromeDriver 驱动版本为 v2.23。请下载对应的版本驱动：

https://github.com/appium/appium/blob/master/docs/en/writing-running-appium/web/chromedriver.md

打开 appium Desktop 安装目录：…\resources\app\node_modules\appium-chromedriver\chromedriver\win\，用下载的版本驱动文件替换该目录下的 chromedriver.exe 文件。

14.1.3　混合应用测试

混合应用是一种常见的 App 类型，在 Android 开发中通过 WebView 组件实现，主要开发工作在 Web 端，将 Web 页面嵌套到 App 中。混合应用界面如图 14-4 所示。

第 14 章　appium 测试实例 | 253

图 14-4　混合应用界面

这是笔者通过 Android 开发的一个 demo，用 WebView 嵌入百度和网易的移动页面，只是为了方便演示混合应用的测试。

编写测试脚本。

```
"""
混合应用测试
"""
from appium import webdriver

caps = {}
caps["deviceName"] = "Android Emulator"
caps["automationName"] = "appium"
caps["platformName"] = "Android"
caps["platformVersion"] = "7.0"
caps["appPackage"] = "com.example.anwebview"
caps["appActivity"] = ".MainActivity"

driver = webdriver.Remote("http://localhost:4723/wd/hub", caps)

# 获得当前上下文
context = driver.context
print(context)
```

```python
# 获得所有上下文
all_context = driver.contexts
for context in all_context:
    print(context)

# 切换上下文
driver.switch_to.context("WEBVIEW_com.example.anwebview")

# 进入 WebView 模式进行操作
driver.find_element_by_id("index-kw").send_keys("appium webView")
driver.find_element_by_id("index-bn").click()

driver.quit()
```

这个例子主要演示了在混合应用中上下文的切换，当切换到 WebView 模式后，就可以使用 Selenium 的方式定位和操作元素了。

14.2　App 测试实战

本节将通过魅族社区 App 演示如何用 appium 进行自动化测试。

14.2.1　安装 App

首先，访问魅族社区官网：https://bbs.meizu.cn。

然后，准备一台 Android 手机，扫描网站上面的二维码，下载并安装 App。当然，也可以通过手机应用商店下载并安装 App。

接下来，通过 USB 数据线，将手机与 PC 进行连接，在手机设置中找到"开发者选项"，开启"USB 调试"，如图 14-5 所示。

图 14-15　开启"USB 调试"

最后，在 PC 端，通过"adb devices -l"命令查看是否检测到设备。

```
> adb devices -l
List of devices attached
xxxxxxxx228FX     device product:MeizuE3_CN model:MEIZU_E3 device:MeizuE3
transport_id:2
```

"xxxxxxxx228FX"为 Android 设备的 udid 号，"MEIZU_E3"为手机的型号。

14.2.2 简单的测试用例

App 界面如图 14-6 所示，在 App 界面的顶部有一个搜索功能。

图 14-6　App 界面

下面针对搜索功能编写一个简单的测试。

```
from appium import webdriver
from time import sleep

caps = {
    "deviceName": " MEIZU_E3",
    "automationName": "appium",
    "platformName": "Android",
    "platformVersion": "7.1.1",
```

```
    "appPackage": "com.meizu.flyme.flymebbs",
    "appActivity": ".ui.LoadingActivity",
    "noReset": True,
    "unicodeKeyboard": True,
    "resetKeyboard": True,
}

driver = webdriver.Remote("http://localhost:4723/wd/hub", caps)
driver.implicitly_wait(10)

# 论坛帖子搜索
search_box = driver.find_element_by_id("com.meizu.flyme.flymebbs:id/r9")
search_box.click()
search_box.send_keys(u"魅族 16")
driver.find_element_by_id("com.meizu.flyme.flymebbs:id/rc").click()

driver.quit()
```

appium 默认情况下不支持中文输入,所以在启动 App 时需要设置 unicodeKeyboard 和 resetKeyboard 参数。

- unicodeKeyboard 设置为 True,表示使用 Unicode 输入法。
- resetKeyboard 设置为 True,表示在测试结束后,重置输入法到原有状态。

14.2.3 自动化项目设计

本节将对前面的测试代码进行重构,并引入 unittest 单元测试框架和 Page Object 设计模式等,为后续自动化测试用例的编写与运行打下基础。

自动化测试目录结构如图 14-7 所示。

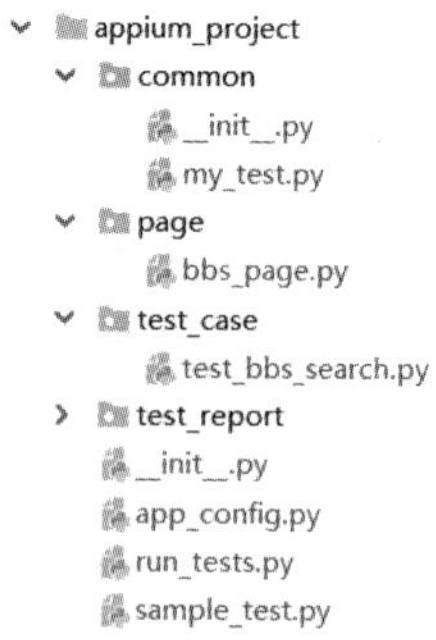

```
▼ appium_project
  ▼ common
        __init__.py
        my_test.py
  ▼ page
        bbs_page.py
  ▼ test_case
        test_bbs_search.py
  ▶ test_report
        __init__.py
        app_config.py
        run_tests.py
        sample_test.py
```

图 14-7 自动化测试目录结构

创建 appium_project/app_config.py 文件。

```python
# 魅族社区 App 配置
CAPS = {
   "deviceName": " MEIZU_E3",
   "automationName": "Appium",
   "platformName": "Android",
   "platformVersion": "7.1.1",
   "appPackage": " com.meizu.flyme.flymebbs",
   "appActivity": ".ui.LoadingActivity",
   "noReset": True,
   "unicodeKeyboard": True,
   "resetKeyboard": True,
}
```

配置 App 运行环境，以方便修改与维护。

创建 appium_project/common/my_test.py 文件。

```python
import unittest
from appium import webdriver
import sys
from os.path import dirname, abspath
BASE_PATH = dirname(dirname(abspath(__file__)))
sys.path.append(BASE_PATH)
from app_config import CAPS


class MyTest(unittest.TestCase):

   @classmethod
   def setUpClass(cls):
      cls.driver = webdriver.Remote("http://localhost:4723/wd/hub", CAPS)
      cls.driver.implicitly_wait(10)

   @classmethod
   def tearDownClass(cls):
      cls.driver.quit()
```

common 目录用于存放封装的一些公共模块，在 my_unit_test.py 文件中创建 MyTest 测试类，在 setUpClass/tearDownClass 类方法中定义驱动的开启或关闭，调用 app_config.py 文件中的配置。

创建 appium_project/page/bbs_page.py 文件。

```
from poium import Page, PageElement

class BBSPage(Page):
    search_box = PageElement(id_="com.meizu.flyme.flymebbs:id/r9")
    search_button = PageElement(id_="com.meizu.flyme.flymebbs:id/rc")
    search_result = PageElement(id_="com.meizu.flyme.flymebbs:id/er")
```

poium 测试库同样支持 appium，引入 poium 测试库的 Page 类和 PageElement 类，定义 appium 控件的定位。

创建 appium_project/test_case/ test_bbs_search.py 文件。

```
import unittest
import sys
from os.path import dirname, abspath
BASE_PATH = dirname(dirname(abspath(__file__)))
sys.path.append(BASE_PATH)
from common.my_test import MyTest
from page.bbs_page import BBSPage

class TestBBSSearch(MyTest):

    def test_search_meizu_16(self):
        """ 搜索关键字符：魅族16 """
        page = bbsPage(self.driver)
        page.search_box.click()
        page.search_box = u"魅族16"
        page.search_button.click()
        print(page.search_result.text)
        self.assertIn("条帖子", page.search_result.text)

if __name__ == '__main__':
    unittest.main()
```

test_case 目录用于存放测试用例，在 test_bbs_search.py 文件中编写论坛搜索的测试用例。TestBBSSearch 类继承 my_test.py 文件中的 MyTest 类。定义 test_cearch_meizu_16()测试方法来实现关键字的搜索。因为前面做了较多的封装，所以在编写测试用例时会变得非常简单，只需关注控件的操作步骤即可。

创建 appium_project/run_tests.py 文件。

```
import unittest
import time
```

```python
from HTMLTestRunner import HTMLTestRunner


if __name__ == '__main__':
    # 定义测试用例目录为当前目录
    test_dir = './test_case'
    suit = unittest.defaultTestLoader.discover(start_dir=test_dir,
                                                pattern='test_*.py')

    # 获取当前日期和时间
    now_time = time.strftime("%Y-%m-%d %H_%M_%S")
    test_report = './test_report/'+now_time+'result.html'
    with(open(test_report, 'wb')) as fp:
        runner = HTMLTestRunner(stream=fp,
                                title="魅族社区App测试报告",
                                description="运行环境: Ardroid 7.0")
        runner.run(suit)
```

run_tests.py 文件用于执行 test_case/目录下的所有测试用例，通过 HTMLTestRunner 运行测试用例，生成 HTML 格式的测试报告，存放到 test_report/目录下。

反侵权盗版声明

电子工业出版社依法对本作品享有专有出版权。任何未经权利人书面许可,复制、销售或通过信息网络传播本作品的行为;歪曲、篡改、剽窃本作品的行为,均违反《中华人民共和国著作权法》,其行为人应承担相应的民事责任和行政责任,构成犯罪的,将被依法追究刑事责任。

为了维护市场秩序,保护权利人的合法权益,我社将依法查处和打击侵权盗版的单位和个人。欢迎社会各界人士积极举报侵权盗版行为,本社将奖励举报有功人员,并保证举报人的信息不被泄露。

举报电话:(010)88254396;(010)88258888

传　　真:(010)88254397

E-mail: dbqq@phei.com.cn

通信地址:北京市万寿路173信箱　电子工业出版社总编办公室

邮　　编:100036